はじめに

キノコ栽培というと、専門的な知識や技術、資材や施設が必要と思いがちです。たしかに初心者にとって、原木栽培（伐り出した木に植菌して栽培）は原木の入手も扱いも大変そうだし、菌床栽培（オガクズなどの人工培地に植菌して栽培）は空調施設が必要になるなど、ハードルが高そうに感じられます。しかし、各地の農家とキノコ関係者の工夫から、ラクで手軽でわくわくする栽培法が生まれています。

たとえば、菌床（キノコ菌のかたまり）を地面に置くだけで山採り顔負けのマイタケなどがとれる「菌床置くだけ栽培」は、畑や裏山で簡単にでき、直売農家の間で人気急上昇中です。さらに、軽くて入手しやすい間伐材で味の濃いナメコなどがとれる「針葉樹原木栽培」や、庭先でできるマイタケの「プランター栽培」、手近な木に植菌してラップでくるむと軒下でキノコが10年以上とれる「ラップ栽培」など、誰でもできるものばかり。これらの栽培法はとても簡単なうえ、キノコの味も香りも天然物と変わらない、と観光客や地元の人からも好評で、各地の直売所で飛ぶように売れています。

本書では、こうした多彩な「ラクラク栽培」の数々のほか、ナイロンコード式の刈払い機で老ホダ木（古くなった原木）をバシバシ叩くシイタケ増収法や、名人が伝授するマツタケ山づくり（根切り法）、稼げるキノコ品種、産地のとっておきレシピなど、農家ならではの驚きのキノコ栽培法と愉しみ方を大公開しています。

本書が、キノコ栽培に興味をお持ちの方や、キノコの新しい品種・栽培法に挑戦したい方のお手元で、少しでもお役に立ちましたら幸いです。

２０１９年８月　　一般社団法人 農山漁村文化協会

目次

第2章 本気のキノコでどーんと稼ぐ

第3章 知らなきゃ損！キノコの愉しみ

＊本書の執筆者・取材先の情報（肩書、所属など）は『現代農業』掲載時のもの（敬称略）

知れば知るほどわくわく キノコって何者？

養分のとり方によって、大きく
菌根菌と腐生菌とに分けられる

山で出会えるとうれしい 菌根菌

菌根菌の仲間

マツタケ (90ページ)
タマゴタケ (103ページ)
ハツタケ (124ページ)
ハルシメジ (120、124ページ)
ホンシメジ など

自分で有機物を分解できないので、エネルギー源となる糖やアミノ酸を得られない。そのため、木を宿主として共生。栽培が難しく、もっぱら山でしか採れない

多種多様な菌根菌のキノコが楽しめるのは、さまざまな木がある自然の山ならでは。キノコ狩りの醍醐味だ

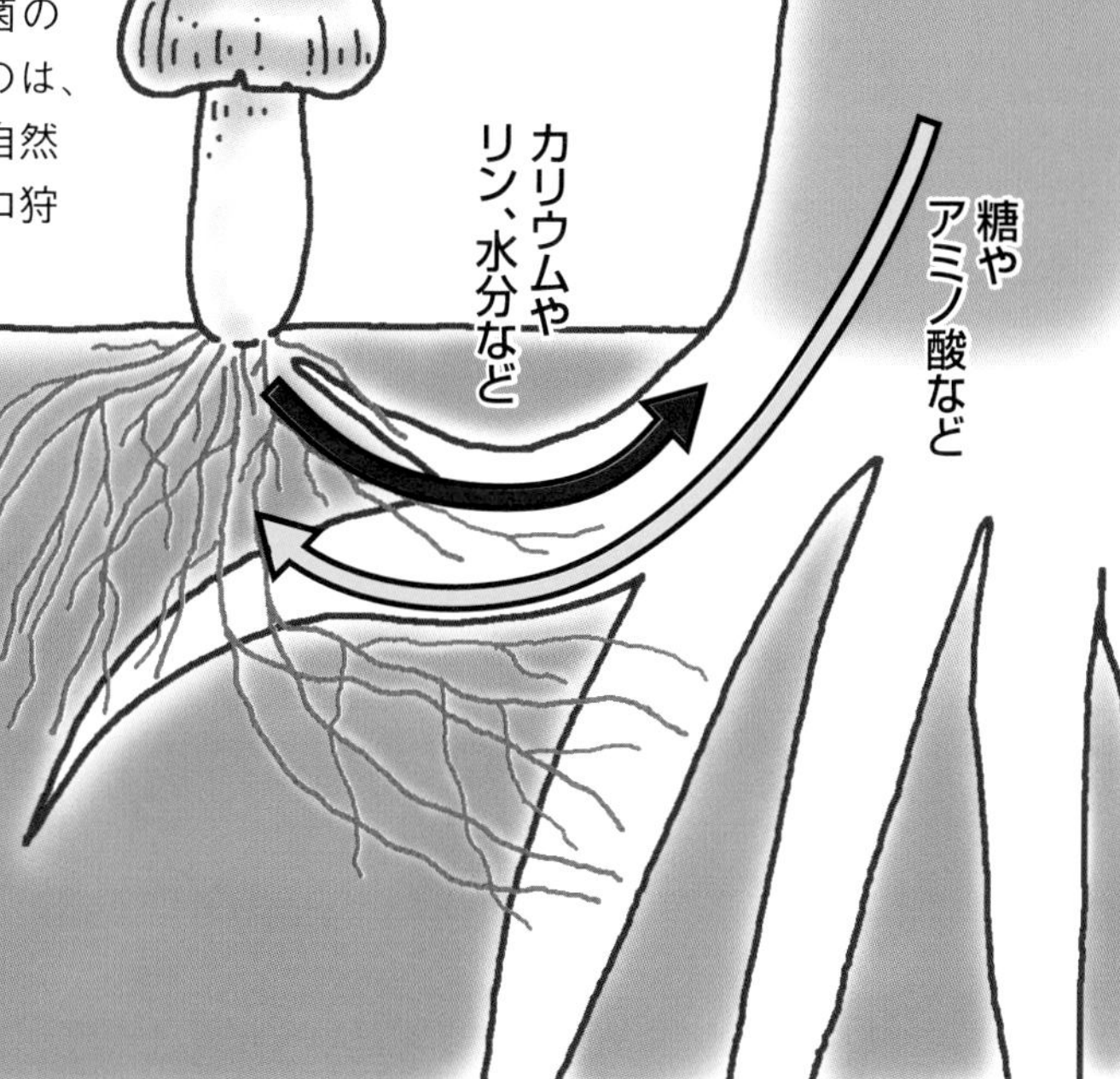

菌糸で土壌の無機養分（カリウムやリン）や水分を吸収し、これらを宿主の木（根）に与える。代わりに木からは葉で合成された有機養分（糖やアミノ酸）をもらう

キノコの本体は地下にある

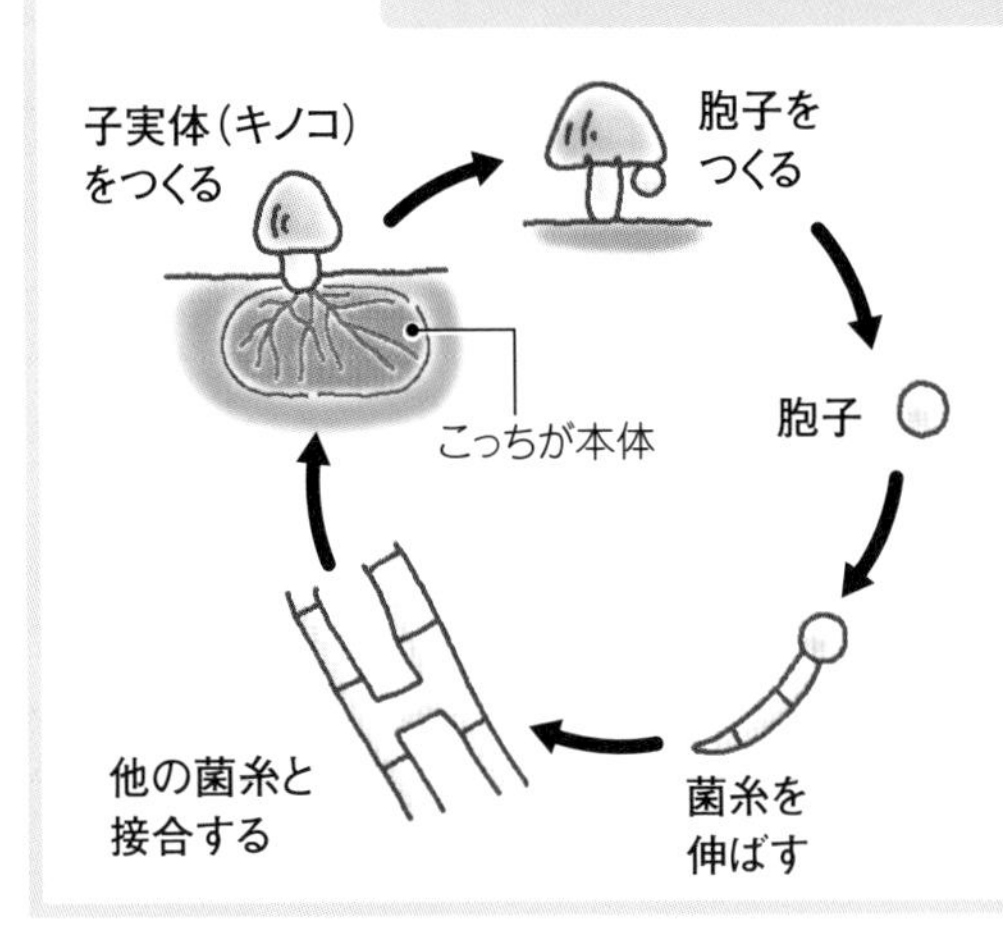

キノコと呼んでいるのは「子実体」部分で、植物の花や果実にあたり、傘の下のヒダ部分でタネにあたる「胞子」をつくる。胞子からは新たな「菌糸」が伸びていくが、じつはこの菌糸がキノコの本体。普段は地面にひっそりと潜んでおり、目に触れることはない

ナラタケに細胞が殺され、最終的に木全体がしおれてしまう

ナラタケ

食用として知られるが、じつはナラ、ヒノキ、マツ、ケヤキ、サクラなどに寄生して枯らしてしまう(ナラタケ病)、困ったキノコ

共生関係だけじゃない 寄生するキノコ 「寄生菌」

宿主を持つキノコには、「寄生菌」と呼ばれるものもある。宿主と共生する菌根菌とは対照的に、宿主から一方的に養分を奪い、枯らしたり殺したりする

冬虫夏草

漢方薬として有名。生きた虫の中でジワジワ菌糸を伸ばし、時期が来ると虫を殺して子実体を形成する

＊参考文献:『キノコ栽培全科』『そだててあそぼう93　きのこの絵本』(ともに農文協)

畑で手軽に栽培できる
腐生菌

菌糸自らが酵素を分泌し、有機物を分解・吸収できる。栽培しやすく、原木や菌床でつくれるのはほとんどがこの仲間で、木材腐朽菌などがある

腐生菌の仲間

- シイタケ（74ページ）
- ナメコ（32、44ページ）
- マイタケ（12、38ページ）
- キクラゲ（65ページ）
- マッシュルーム（62ページ）
- エノキタケ（59ページ）
- ブナシメジ
- ヒラタケ（20、32、54ページ）

など

菌糸がリグニン分解酵素を出し、褐色のリグニンを分解するので木材が白くなる。白色の素であるセルロースやヘミセルロースも、最終的に分解される

木材を分解できるキノコたち

木材腐朽菌と呼ばれ、セルロースやヘミセルロースなど、カタイ木材を上手に分解。この仲間にはとくに難分解性のリグニンを分解できるものもあり（白色腐朽菌）、栽培されるキノコのほとんど（上記ではマッシュルーム以外）はこの仲間

天然エノキタケ

自然界では、切り株や倒木に生える

栄養として吸収

分 解

分解によってできた無機養分は、再び木の栄養となる。木材を分解するキノコのおかげで、森は廃材だらけにならずにすむ

世界一大きい生物は腐生菌!?

これまで発見された最大の生物は、クジラでもゾウでもなく、なんとキノコ。アメリカのオレゴン州で発見された腐生菌「オニナラタケ」は、10㎢近くにわたる菌糸を持ち、全体の推定重量は600tもあった

木材の分解が苦手なキノコたち

腐生菌でも、リグニンを分解ができない菌も多い。これらは、生えやすい環境によって、しばしば「落葉分解菌」「糞生菌」などと呼ばれる。畑の隅や堆肥小屋などで見られるキノコはこうした仲間だ

マッシュルーム

マッシュルームは馬糞を好んで生えるため、「バフンタケ」とも呼ばれる。糞の種類によって生えやすいキノコは変わる

ムラサキシメジ

ムラサキシメジは落ち葉を好んで分解する

栽培エノキタケ

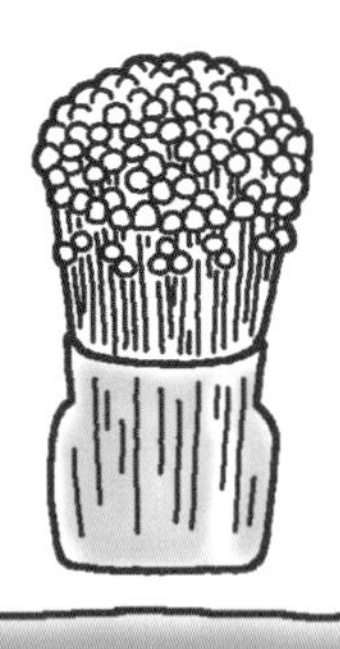

天然ものと栽培ものとで外見がまったく違うものも多い

種菌の種類

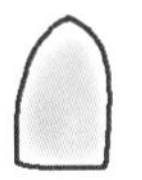

種　駒　木片に菌を繁殖させたもの。形成駒より安いが、ホダ木に菌が回るまで時間がかかる

形成駒　固めたオガクズに菌が繁殖したもの。価格は高いが、扱いやすく菌回りが早い

オガ菌　価格が安く、菌回りが一番早い。米ヌカと練り合わせるなどして使う

より天然に近く 原木栽培

伐り出した木に植菌して栽培する方法。より自然に近い環境での栽培が多い（林内での露地栽培など）。通常はホダ木づくりに1～2年かかるが、数年間続けて収穫することができる

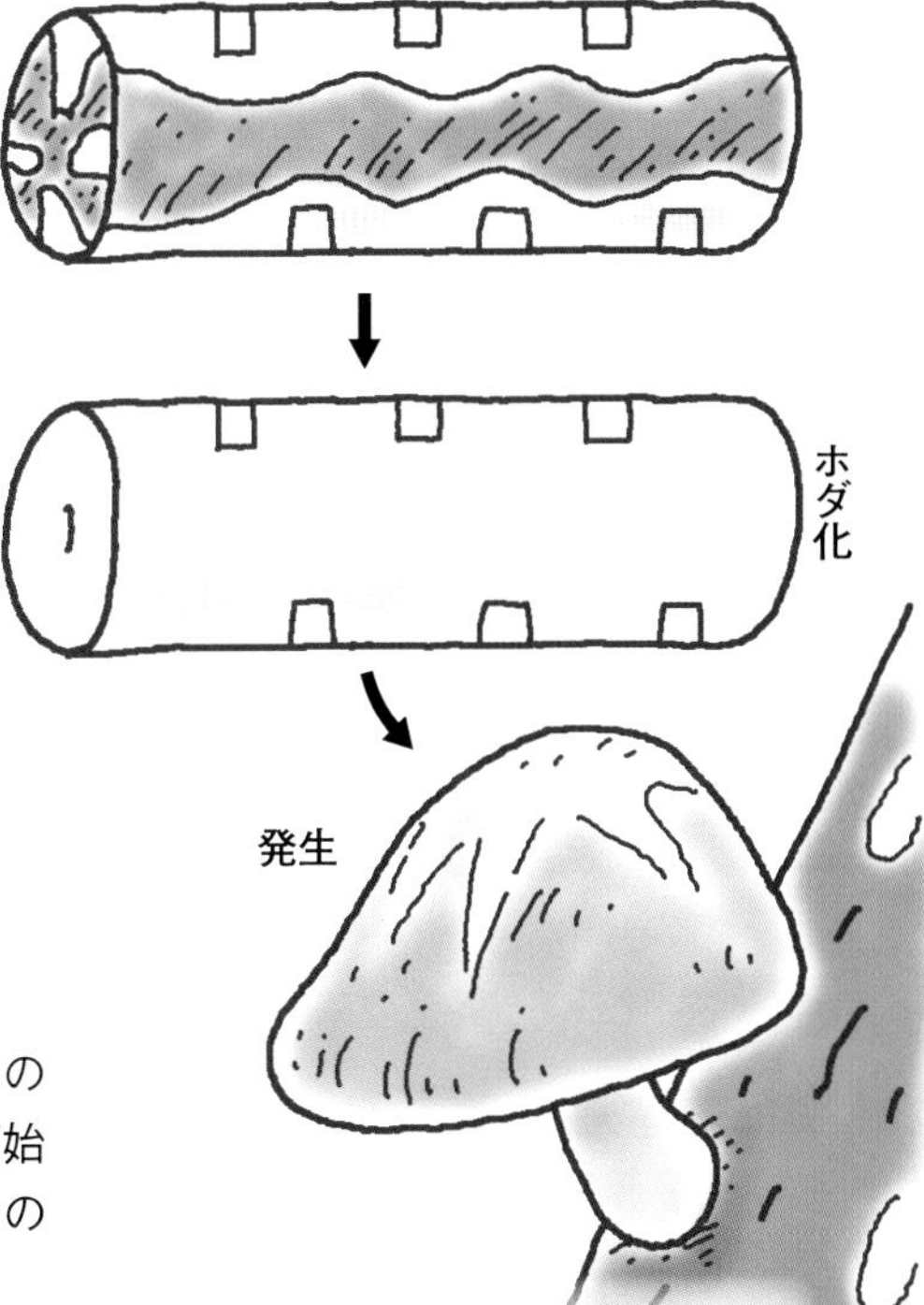

●仮伏せ

湿度や温度を保った環境で、積み重ねたり培養袋に入れ、菌糸をしっかり活着させる。活着がよいと雑菌の侵入も防げる

●本伏せ

置き場や組み方を変えて、さらに菌糸を全体に蔓延させる（ホダ化）。まんべんなくホダ化した原木をホダ木と呼ぶ

菌糸が全体に回った状態で、発生に適した温湿度環境になるとキノコが出てくる。植菌した部分から出るわけではない

●原木の大きさで出方が変わる

短木や細い木だと菌糸の回りが早く、すぐに発生が始まる。ただし、一気に出るので収穫期は短くなる

短木栽培なら、その年のうちにとれることも（44ページ）

調整しやすくて発生も早い
菌床栽培

ビン、袋、平箱などに詰めたオガクズなどの人工の培地に植菌して栽培する。空調施設を利用した周年栽培などでよく用いられる。培地に栄養があり、分解しやすい。栽培期間が短縮できる

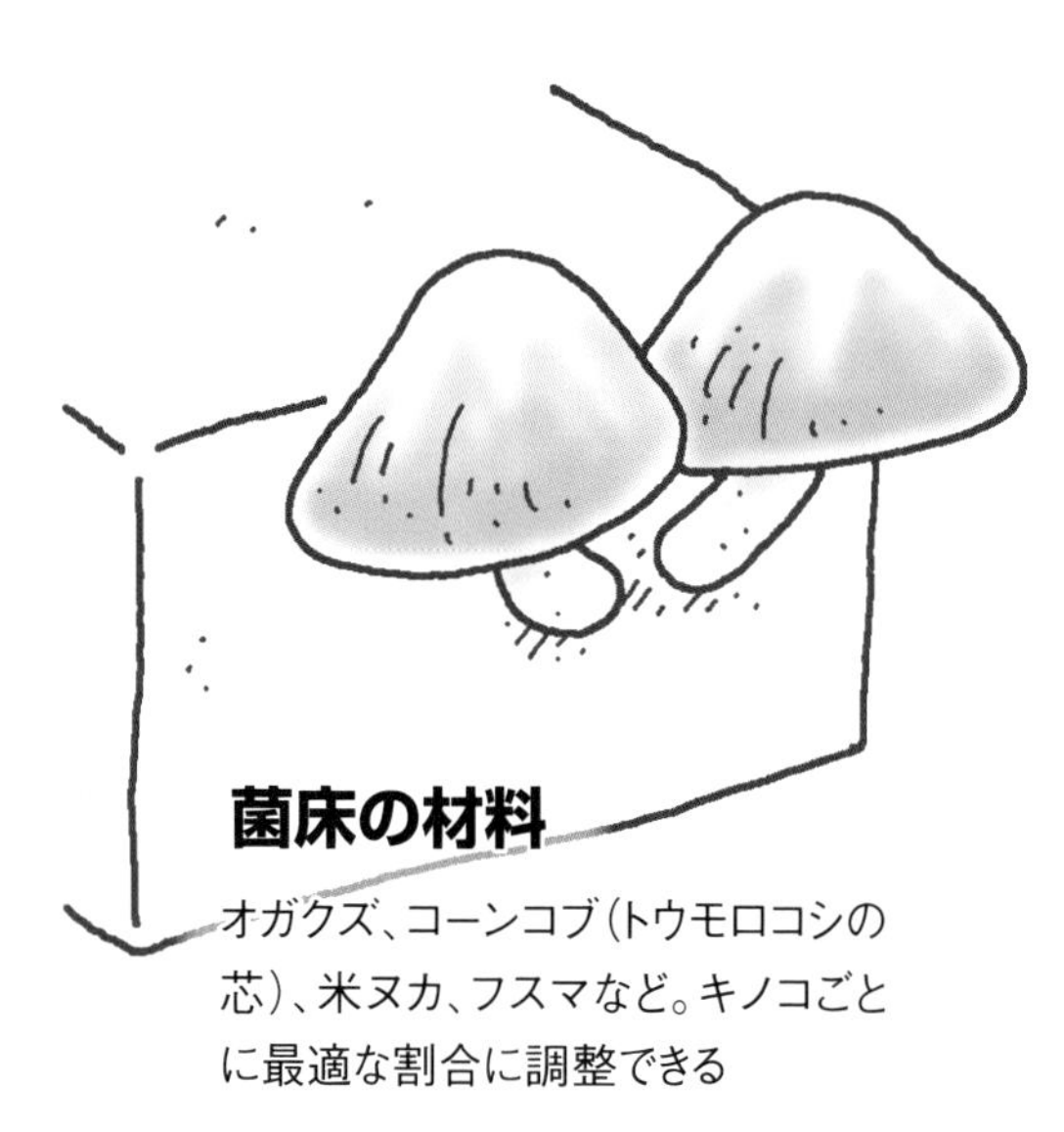

菌床の材料

オガクズ、コーンコブ（トウモロコシの芯）、米ヌカ、フスマなど。キノコごとに最適な割合に調整できる

オガクズには広葉樹だけでなく、スギ、マツなど針葉樹も使える。ただし針葉樹には抗菌性成分が含まれるので、オガクズを半年ほど雨ざらしにしてから使う

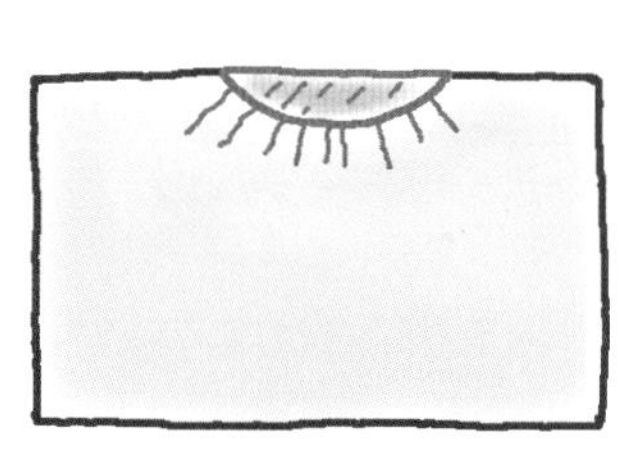

米ヌカ、フスマなど、分解されやすい有機質から分解が始まる

続いて、リグニンなどの分解が始まる

菌糸が回った菌床は真っ白になる

発生

菌床の上面から子実体が出るものが多いが、シイタケやキクラゲは全面から発生する

菌床栽培には、露地での「置くだけ栽培」もある（12ページ）

発生の終わった菌床（廃菌床）も、まだまだ使える

オガクズやコーンコブのカタイ成分はすでに分解、土壌微生物にとって最高のエサとなる。腐植を簡単に増やせる堆肥にもなる

第1章

キノコのラクラク栽培で稼ぐ

誰でもできる「菌床置くだけ栽培」――菌床なのに山採りの味！

1個70円の廃菌床を木陰に置くだけで極上マイタケ

1カ月で20万円に

宮城県栗原市●千葉益雄

私が住んでいる栗原市旧花山村は、山間地で冬は雪が多いところです。村の振興策として、直売所が設置され、特産物の生産販売がすすめられました。そのなかで、20年ほど前から廃菌床を使ったマイタケ栽培が始まり（10人）、しだいに人気の特産品となりました。

私はJAを定年退職し、春は山菜、夏は野菜、秋は天然のキノコを採り直売所へ出荷していましたが、廃菌床のマイタケ栽培にも関心を持ちました。そこで生産者仲間からいろいろ教えてもらい、妻と2人で始めたのが10年ほど前のことです。この栽培は手間がかからず、私たち高齢者にはとてもいいです。

マイタケ廃菌床の購入先は、車で1時間ほどのキノコ屋さん（山形県最上町のマッシュハウス最上）。昨年は1個70円で800個ほどを購入しました。事前に注文しておき、4月上旬頃に軽トラで運んできて、その日のうちに家の裏のスギ林（日陰のところ）に並べます。廃菌床は伏せ込みするビニールで包まれています。収穫した切り口を下にして置き、6月上旬頃、上のビニールを×印にカットします。あとはキノコが出るのを楽しみに待つだけ。そして秋、10月上旬頃にキノコが発生してきます。冷涼な気候がマイタケにあっているらしく、10日ほどで1株500gほどに育ちます。発生割合は80％ほど。順次収穫します。

このやり方で育ったマイタケは、味も香りも天然ものと変わらないと観光客や地元の人も言っており、私も食べてみてそう思います。直売所では1株500円ほどで売っていて大人気。いくらでも売れると店長も喜んでいます。

現代農業2017年5月号

キノコを１回収穫しただけで
不要となる廃菌床は、
まだまだ元気なキノコ菌のかたまり。
生かしきらなきゃ、もったいない。

「これ、廃菌床から生えたマイタケですよ」と千葉益雄さん（79歳）。重さ700gと巨大。廃菌床を自宅裏のスギ林の木陰に半年間置くだけでとれる（依田賢吾撮影、以下Yも）
現代農業2017年12月号

マイタケの廃菌床は山形県最上町のキノコ屋さんから、1個70円で800個（軽トラ2台分）購入。ブロックの底を上に向けて並べる。その後の管理は6月上旬に上のビニールを×印にカットするだけ

奥さんの茂子さんがつくるマイタケ料理。天ぷら丼、お吸い物、甘辛煮。どれもうまい！（Y）

形の悪いものは干して冷蔵庫に。香りが増して年中使える（Y）

自宅裏のスギ林は、適度な傾斜もついて水はけもよい。風通しよく、土に湿り気もあって、マイタケ栽培にうってつけ。発生率80％！（1年目に出ないものも翌年出る）。500g500円で直売所にて販売。9月下旬からの1カ月間で20万円ほどの売り上げに（Y）

面倒だからやっていないが、側面に四角い窓をつけて両隣のブロックと接続すれば、2倍の大きさの巨大マイタケが出現するとか（Y）

廃菌床を置くだけ

風味抜群の「山採りマイタケ」

島根県中山間地域研究センター●冨川康之

毎日大量に処分される廃菌床

私たちの食卓に並ぶキノコは、ほとんどが菌床栽培で生産されています。「菌床」とは、樹木のオガクズを主体に米ヌカやフスマなどが混ぜられたもので、これを資材としてキノコを育てます。通常、菌床は空調や照明などが備えられた施設の中で、キノコの生長を促すように管理されます。

収穫が終わった菌床は、放っておくわけにはいきません。毎日数百個、キノコの種類によっては1回に数千個の菌床が収穫を終え、速やかに片づけないと施設周辺に溢れます。この収穫済みの菌床は「廃菌床」と呼ばれ、堆肥にされるなど、なるべく処理費用をかけないように処分されています。

廃菌床からキノコを再生産

じつは廃菌床はキノコがまったく生えなくなった状態ではなく、生やす能力が残っています（マイタケは1回収穫しただけで廃菌床になる）。そのため、廃菌床をキノコ屋さんから譲り受け、うまく管理ができれば収穫を楽しむことができます。

その場合、家庭菜園であれば収量は問題にされませんが、処理費用のかかる廃菌床の有効利用を考えて、キノコの生産資材としての価値を再び持たせるためには、ある程度の収量増加と安定生産が必要です。そこで当センターでは栽培の仕方を検討してみました。

山に置いた廃菌床から発生したマイタケ。施設で育てたものより、自然の風合い、歯ごたえがある

廃菌床置くだけ栽培の効率的な方法

私の職場（島根県飯南町）の近くにある飯石森林組合では、シイタケ、マイタケ、キクラゲなどが生産されています。組合の協力を得て、廃菌床からマイタケを再発生させるための効果的なやり方について調べました。

▼場所は林地のほうがいい

まずは場所。林地と露地圃場とで比較したところ、林地の収量が2倍以上多くなりました。山で安定してとれたので、再発生したマイタケを「山採りマイタケ」とネーミングしました。

露地圃場が不適だった理由は、晴天日の温度上昇が原因と考えられます。露地圃場でも遮光すれば成績はよくなるはずです。

▼廃菌床は逆さに置く

次は廃菌床の置き方や状態についての検討です。①上向き（施設内で生産されるのと同じ向き）、②反転（収穫した切り口を下に向ける）、③袋の除去の3通りで試験しました。もっとも収量が多かったのは反転でした。上向きは袋内に雨水が入るためか、一部に腐敗が見られました。袋除去はもっとも成績が悪く、カビの繁殖と一部には昆虫も生息し、発生したマイタケの多くは奇形でした。

▼半分埋めるといい

置くときの深さも検討しました。①板上、②地中埋設、③地中半埋めの3通りを試験したところ、総合的には半埋めが優れていました。板上に置く場合は林地では設置が大変で、他の置き方よりも廃菌床が乾燥しました。地中埋設は水はけが悪いところでは雨水が溜まり、腐敗の原因になりました。

▼設置時期は4〜5月がいい

設置時期は2年間調査しました。まず、何月に設置しても収穫は10月になることがわかりました。7月以降の設置では、その年には発生せず翌年10月に発生します。6月設置では、その年と翌年の発生が半々になります。5月までに設置すると、その年の10月にしっかり収穫できます（翌年にも少しはとれる）。以上のことから、廃菌床の設置時期は4〜5月がよく、そのときに調達するのがよいことがわかりました。それより前に設置して管理期間を長くする必要はありません。

▼9月上旬までにハサミで切れ込み

廃菌床を4月に林地で反転・半埋めすると、10月には設置個数の約6割からマイタケが発生します。1株が150gほど（施設内1回どりの3割）になります。なお、忘れてはいけない作業は、9月上旬までに廃菌床の袋の上面にハサミで切れ込みを入れること。対角線に×を書くように切ると、そこからマイタケが発生します。カッターナイフでは廃菌床の表面に傷がつくので、ハサミを使うのがポイントです。

マイタケの色は茶色〜灰色で、施設栽培より厚みがあり、歯ごたえがあります。ただ、虫が入っていることがあるため、出荷する前に株を割って中を確認したほうがいいです。

生産施設から出されたマイタケの廃菌床。飯石森林組合では廃菌床100%の堆肥が製造されている

菅谷本谷いきいきクラブの方たちによる廃菌床の設置作業（5月）。林地斜面に廃菌床を上下反転させ、地中に半埋めする

香り抜群、道の駅で大人気

雲南市吉田町の菅谷本谷いきいきクラブ（19名、代表：古居忠さん）では、5年ほど前から廃菌床を使ったマイタケ生産に取り組んでいます。キノコ屋さんから春に500〜700個の廃菌床を調達し（1個50円ほど）、林地に並べ、秋に収穫したマイタケを道の駅などへ出荷しています。香りがいいと、とても人気があるそうです。

竹林でも置くだけ栽培に挑戦中

先に述べた飯石森林組合では、放置竹林の整備も積極的に進めています。伐った竹をチップにし、それを敷き詰めた場所（竹林内）で、廃菌床置くだけ栽培を試してみました。

整備された竹林は陽が差し込む量が増え、夏季には遮光が必要でした。収量と品質は上記と同様でしたが、一部に意外な被害が生じました。林地に敷かれた竹チップにカブトムシの幼虫が繁殖し、それを狙ったイノシシによって廃菌床が攪乱されたのです。

このような被害を克服しながら、今後も資源の有効利用にチャレンジしていきたいと思っています。

現代農業2017年5月号

畑に菌床を置くだけ

トンビマイタケが直売所で人気

秋田県林業研究研修センター●菅原冬樹

トンビマイタケ

秋田県林業研究研修センターでは、トンビマイタケのオリジナル品種を独自に開発し、平成14年から畑地や林地を活用した簡単なキノコ栽培の普及を行なっている。菌床を置くだけで気軽に栽培できるため、秋田県内の直売所農家のあいだで人気急上昇中だ。

トンビマイタケのおもな特徴

トンビマイタケは、夏から初秋にかけてブナの根元に発生する。名前の由来は諸説あるが、その形がマイタケに似ており、トンビが羽を広げて大空を舞う姿とも重なることから「トンビマイタケ」と呼ばれている。このキノコは触れるとすぐに黒くなり、一般的には馴染みが薄いが、秋田県の奥羽山脈沿いの地域などでは生活に欠かせない食材として定着している。

直売農家のあいだで栽培拡大中

トンビマイタケは、栽培ものでも大型あるいは株状で大量に自然発生し、天然ものに近い形質のキノコが収穫できるので商品価値が比較的高い。栽培に必要な菌床を地域内の培養センターから容易に入手できることから、新たに特産化を目指すにはうってつけの作目だ。平成22年以降、県内の6生産団体が生産を開始するなど、毎年生産者が増加している。

発生量は1菌床（2・5kg）当たり600g程度で3年ほど収穫できる。夏場のみの季節発生に生産が限られるため、地元の道の駅や直売所などでの販売が中心となる。年間を通じた販売や消費拡大に向け、長期保存が可能な加工食品の開発や、新たな販路の拡大に取り組む団体も出てきた。

菌床置くだけ栽培のポイント

菌床を地面に直接置き、全体を土で覆う栽培は、自然環境を生かして誰でも手軽にできるため注目されている。一方、天候の影響を受けやすいので、菌床の管理がポイントになる。具体的な栽培方法について手順を追って説明する（次ページの写真も参照）。

▼菌床入手後は刺激を与えない

菌床を入手後、7月上旬まで直射日光の当たらない風通しのよい場所で管理する。たとえば、倉庫などの室内に重ならないように並べ、一度置いたら動かさないなど刺激を与えないようにする。少しの刺激でもキノコの芽ができやすく、収穫量の減少につながるからだ。また、真っ暗な室内よりも間接光が当たるほうが丈夫な菌床になる。

▼菌床の発生操作は7月上旬までに

菌床の発生操作は遅くとも7月上旬までに行なう。菌床の袋をすべて取り除き、裸にする（①）。その際、菌床上部にキノコの芽が出ている場合があるので、ナイフなどで芽をきれいに切り取る。袋内でキノコが発生する前に埋め込みは終えたい。

▼菌床の置き場所、置き方

菌床を置く場所は、栄養分の少ない痩せた土壌で、水はけのよいところが適地である。菌床の3分の1が埋まる深さの溝を掘り、袋から取り出して密着させて並べ、その上に3cm程度覆土する（②）。覆土する土は、埋設地のものでよいが、鹿沼土など市販の土でも対応可能だ。

▼畑を利用する場合は

畑地を利用する場合は、寒冷紗によるトンネル被覆をして直射日光による高温や乾燥を防ぐことが必要である（③）。

夏場、高温乾燥が続くときは、被覆材を開閉するほか、かん水などによって温度と水分の状態を整えてやる。また、直接風雨が当たると生育が止まってしまうので注意する。あとはキノコの発生を見守るだけ。

菌床の入手方法

トンビマイタケの菌床は、秋田県内にある3カ所の培養センターで製造・販売している。平成29年は約1万菌床の生産を予定している。販売価格は1菌床250〜350円で、各培養センターによって異なる。販売時期は6月下旬〜7月上旬。生産は受注生産となっており、遅くとも4月上旬までには注文する必要がある。

現代農業2017年5月号

菌床置くだけ栽培の手順

1 7月上旬までに菌床の袋をすべて取り除く（菌床の発生操作）

2 菌床の3分の1が埋まる深さの溝に入れ、その上に3cmの覆土をする

3 日当たりのよい畑地を利用する場合は、トンネル被覆をして直射日光による高温や乾燥を防ぐ

誰でも簡単!

いろんなキノコで菌床置くだけ栽培

秋田県林業研究研修センター
●菅原冬樹

トンビマイタケを収穫した阿部重助さん（由利本荘市）

直売農家の間で人気急上昇

今、キノコの「菌床置くだけ栽培」が、直売農家の間で人気急上昇中だ。当初、この栽培は、畑地や林地を活用した、できるだけお金をかけないキノコづくりとしてマイタケやトンビマイタケを中心に広がってきた。

しかし、比較的簡単に誰でも栽培できることから、高齢者を中心に趣味あるいは小遣い稼ぎとして広がりつつある。また、様々なキノコが簡単に栽培できることから、地域おこし活動の一環として、キノコづくりが地域活性化の一翼を担う事例も増えつつある。

菌床置くだけ栽培の2つのやり方

栽培方法には2通りある。1つは菌床を地面に直接置き、全体を土で覆う栽培（土中埋設法）で、もう1つは菌床を袋ごと棚などに置き、上面あるいは側面に切れ目を入れて発生させる栽培（置床法）である。栽培するキノコの種類によって使い分ける必要がある。

土中埋設法に適したキノコは、マイタケやトンビマイタケ、ニオウシメジ。これらのキノコは湿度や風といった外部環境に敏感に反応するため、棚に置くより土に埋めるほうが安定してとれる。

一方、置床法に適したキノコは、シイタケ、ナメコ、タモギタケ、アラゲキクラゲやムキタケ。土に埋めなくてもよいが、環境しだいでは乾きやすく、こまめな水やりが必要になる。なお、ヒラタケはどちらの方法でも栽培できる。

菌床は1個350円程度

秋田県では、シイタケを中心とした菌床製造をしている生産施設が各地に点在するため、菌床は比較的容易に購入することができる。価格も1菌床350円程度と安価だ。ただし、キノコの種類によっては栽培時期が異なるため、購入時期には注意が必要である。とくに、土中埋設法のキノコは、6月中旬から下旬までに埋設しなければならないため、培養期間を考慮すると遅くとも2月頃までには注文をしたい。

なお、菌床を入手したい方で県外にお住まいの方は、まずご自分の都道府県の林業試験場や森林組合に菌床製造している施設が近くにないか尋ねてみるといい。安く譲ってくれる施設が多くあると思われる。

組み合わせれば年中栽培できる

栽培するキノコの種類によって発生量は異なるが、1菌床（2・5kg）当たり少な

トンビマイタケ
（土中埋設法）

アラゲキクラゲ
（置床法）

菌床袋の側面をカッターで切り、そこからキノコを発生させる。側面のほうが発生しやすい

タモギタケ
（置床法）

菌床袋の上面を切ってキノコを発生させる。キクラゲ、シイタケ以外は上面から発生させる

いもので３００ｇ、多いものでは１kg程度収穫できる。

菌床置くだけ栽培は、マイタケやトンビマイタケを中心に行なわれてきたが、自然発生のため収穫が7月中旬から10月中旬に集中し、収入も断続的だった。そこで自然発生期の異なるキノコを選び、これらを組み合わせて栽培することで、4月から連続的に収入を得ることができる。

収穫したキノコは、主に地元の道の駅や直売所などでの販売が中心となる。秋田県内では、地域住民との交流を目的にキノコ栽培に取り組む団体が増え、今は様々な品目へのチャレンジも始まっている。また、加工食品の開発やレシピの作成など消費拡大に向けた取り組みを行なう団体も増えてきた。

菌床置くだけ栽培が拡大中

▼ヒラタケで高齢者パワー躍動

サポートえがお（博田恭史会長）は、横手市雄物川地区のシルバー人材センターの有志15人の集まりである。平成27年からヒラタケ栽培を開始。雄物川地区は、昭和40年代からヒラタケ栽培が盛んに行なわれ、有数の産地として知られてきたが、近年、価格の低迷などから、生産者のヒラタケ離れが進行し、今では数人が細々と栽培を続けている状況にある。以前は「しめじ」と言えばヒラタケがその代表であったが、今ではブナシメジが主流となっている。

そのような状況下、ヒラタケを町の特産品へとの思いから、商品化を目指し、地域活性化の原動力として高齢者パワーが躍動している。5月下旬に菌床を埋設し、その後2年間収穫する。収穫したヒラタケは、直売所での販売や近隣住民に振る舞うなどして知名度が増している。また、3カ月に1回、全員で巡回し、発生状況を確認しながら問題点を指摘し合うなど、栽培技術の向上にも努めている。

▼トンビマイタケ祭りが大盛況

角館市白岩地区では、地域おこしグループ（下田三千雄会長）が中心となり、平成22年からトンビマイタケの栽培に着手。会員は現在30人。毎年、7月最終日曜日に農産物直売所「白岩夢畑」でトンビマイタケ祭りを開催。当日は、金魚すくいなどの屋台や伝統芸能を披露するなど子どもからお年寄りまで多くの地域住民が参加し、トンビマイタケを通して地域の結びつきを強化している。

9月	10月	11月	12月

白岩地区では、昔からお盆の時期にトンビマイタケを食する風習があり、栽培化される以前は天然ものが1kg1万円前後で取り引きされていた。今では1kg2000円程度で販売され、県内外からトンビマイタケを求めて足を運ぶ人も多い。

▼県内で最も活発なキノコ直売会

鹿角市のあんとらあ直売会（米田敦子会長）は、平成24年からトンビマイタケの栽培に取り組んでいる。現在は会員が30人を超え、ヒラタケやアラゲキクラゲ、マイタケ、シイタケなど多品目にわたる。年に1回、講習会や加工食品の試作会を開催するなど生産販売技術の向上にも努めている。

また、塩漬けや水煮、炊き込みご飯の素など加工品の開発やレシピづくりにより消費拡大を図るなど精力的な活動を続けている。

さらに、この直売会の大きな特徴は、個人では入手しづらい菌床を一手に取りまとめて生産施設に発注する仕組みを構築している点にある。会員は、栽培時期に合わせて菌床を取りに行くだけ。栽培方法も会員間で共有されており、販売も直売所に持って行くだけでよい。県内で最も活発な活動を行なっており、キノコの種類や生産量も拡大し続けている。

キノコは自分でつくる時代

今まで、キノコは買って食べるものと思

生のトンビマイタケを即売（角館市白岩地区）

マイタケ（土中埋設法）

ヒラタケ（土中埋設法）

ニオウシメジ（土中埋設法）

各種キノコの栽培方法と自然発生時期

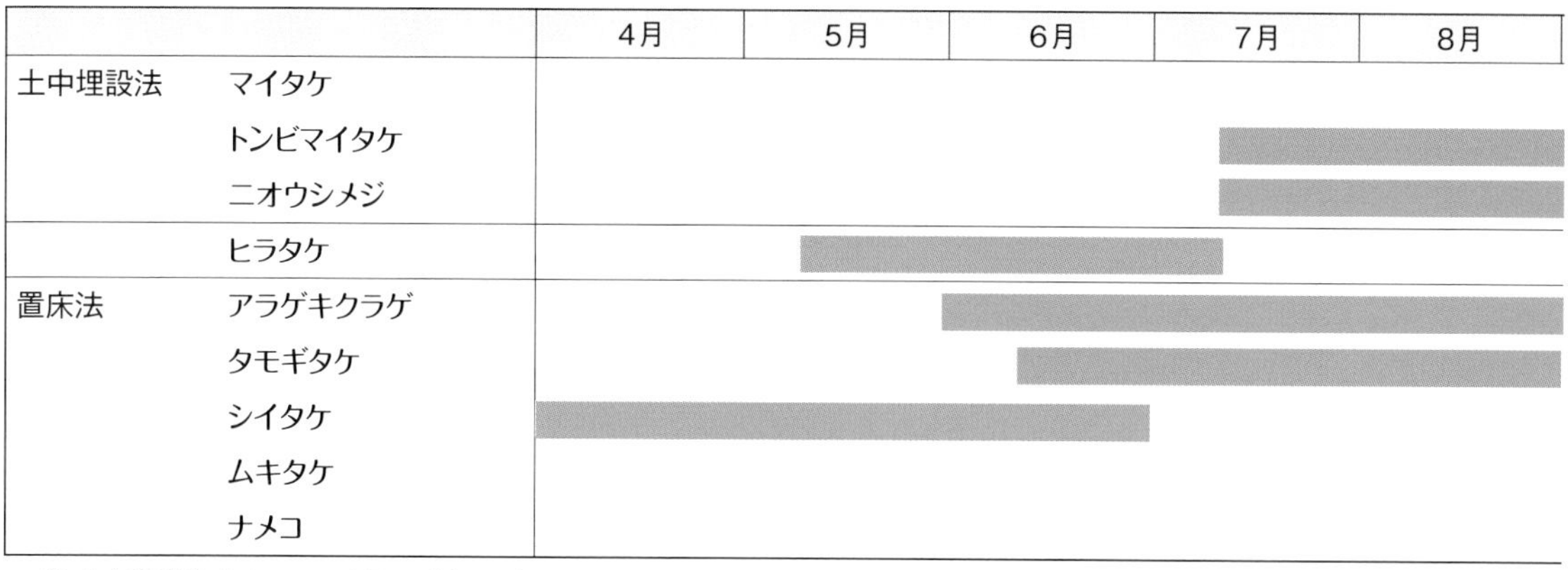

		4月	5月	6月	7月	8月
土中埋設法	マイタケ					
	トンビマイタケ				■	■
	ニオウシメジ				■	■
	ヒラタケ		■	■	■	
置床法	アラゲキクラゲ		■	■	■	■
	タモギタケ			■	■	■
	シイタケ	■	■	■		
	ムキタケ					
	ナメコ					

いずれも自然発生する1 ～ 3カ月ほど前から土に埋めたり、棚に設置したりして栽培を開始。ヒラタケはどちらの方法でも栽培できる。直射日光が当たる場所では寒冷紗をかける。栽培法は18ページの記事も参照

われていたが、菌床置くだけ栽培では家庭でも簡単にキノコができることから、全国的にも注目されている。お米は栽培方法の違いによって、食味や食感が変わるといわれるが、キノコも同じことがいえる。おいしいお米をつくるためには、そのお米に適した土づくりと生育環境が大切であるように、キノコも培地成分や発生環境によって形質や形状が変化する。

菌床置くだけ栽培のキノコは、自然環境に適応して発生するため、天然ものに近い野性味あふれたものが収穫できる。ぜひこの機会に自分独自のキノコづくりにチャレンジしていただきたい。

現代農業2018年9月号

菌床や廃菌床の入手は意外とカンタン、廃菌床は無料の場合も

キノコ栽培初心者にとって、菌床も廃菌床も未知の存在だ。「菌床置くだけ栽培をやってみたいけれど、肝心の入手方法がわからない」「どっちも入手するのが難しそう」。そんなふうに感じてしまう人も多いかもしれない。

しかし、キノコの菌床栽培は全国各地で行なわれており、菌床を製造・販売している施設も多くある。また、食卓に並ぶキノコの大半は菌床で栽培されており、キノコを生産している森林組合やキノコ農家、キノコ屋さん（キノコ生産会社）では、毎日、大量の廃菌床が出るため、堆肥にするなどして、なるべくお金をかけずに処理しようと努力している。廃菌床にもキノコ生産能力が残っているが、使い終わったものなので安く譲ってもらえることが多く、タダ同然や無料の場合もあるようだ。

まずは自分が住んでいる都道府県の林業試験場や森林組合のキノコ担当者に、菌床を製造している施設や廃菌床を譲ってくれそうなところが近くにないか、聞いてみよう。近くにない場合は、種菌メーカーでも菌床を取り扱っていることが多いので、問い合わせてみよう（巻末の「主な種菌メーカー一覧」参照）。

廃菌床はキノコ菌のかたまり

廃菌床は田畑の菌力をアップさせる最強の資材にもなる。
パワーの秘密は廃菌床の中にいるキノコ菌。

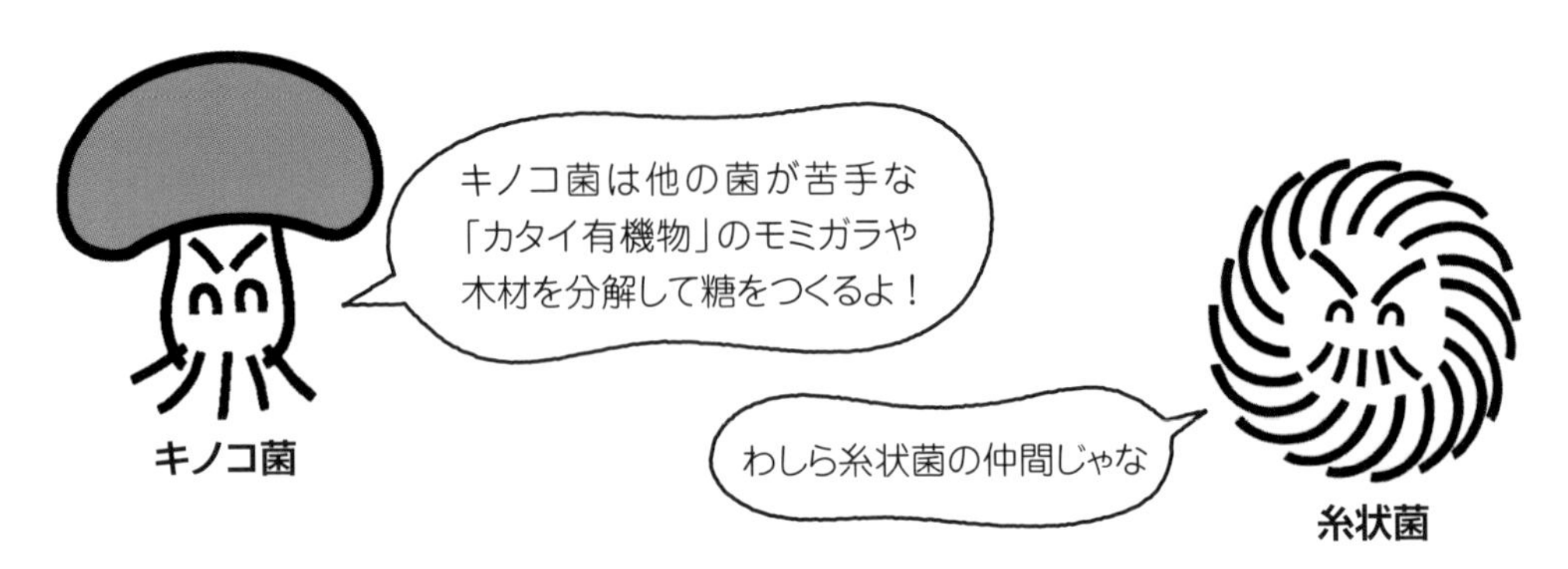

キノコ菌は他の菌が苦手な「カタイ有機物」のモミガラや木材を分解して糖をつくるよ！
キノコ菌
わしら糸状菌の仲間じゃな
糸状菌

●菌床の中はキノコ菌糸でびっしり●

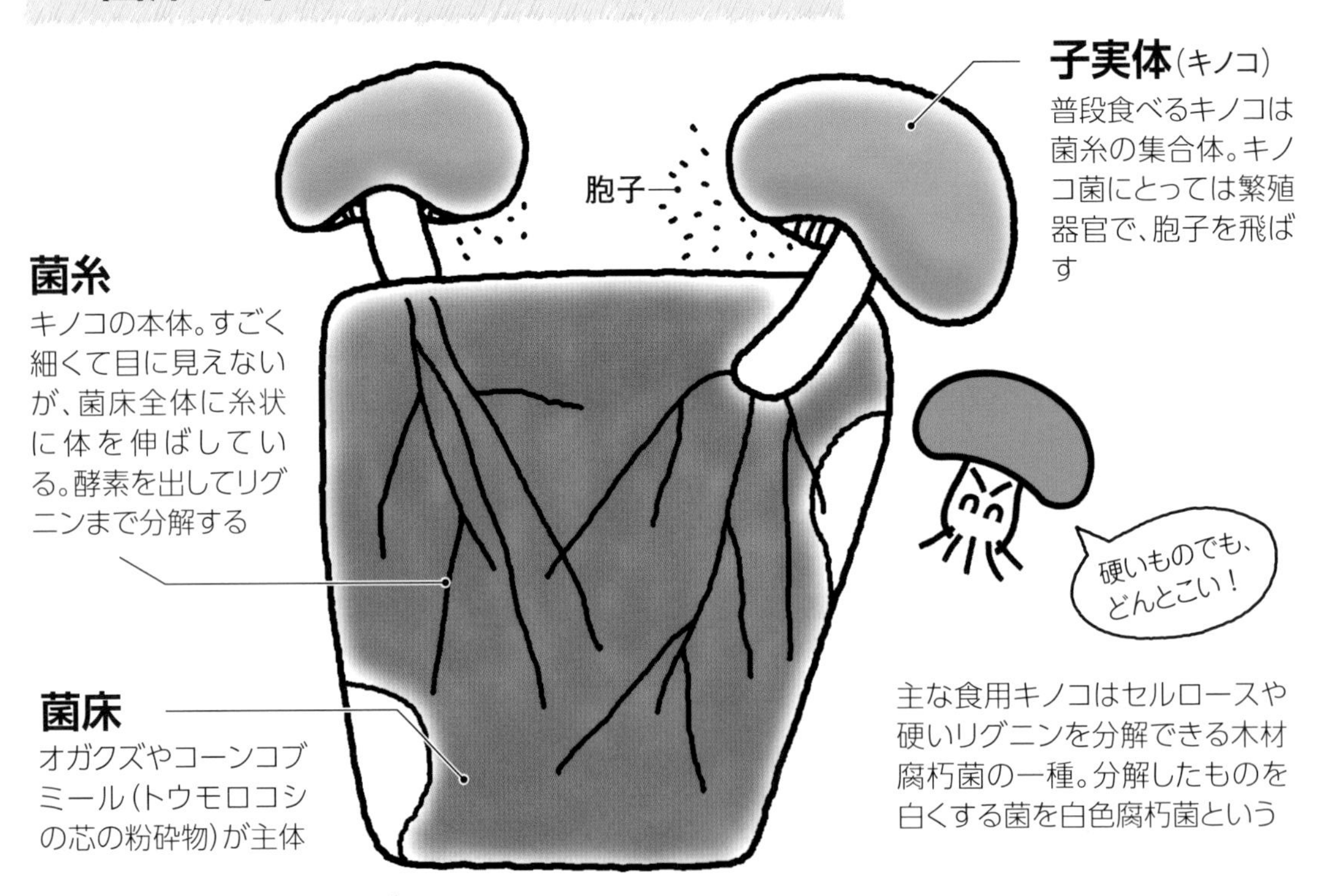

子実体(キノコ)
普段食べるキノコは菌糸の集合体。キノコ菌にとっては繁殖器官で、胞子を飛ばす
胞子
菌糸
キノコの本体。すごく細くて目に見えないが、菌床全体に糸状に体を伸ばしている。酵素を出してリグニンまで分解する
硬いものでも、どんとこい！
主な食用キノコはセルロースや硬いリグニンを分解できる木材腐朽菌の一種。分解したものを白くする菌を白色腐朽菌という
菌床
オガクズやコーンコブミール(トウモロコシの芯の粉砕物)が主体
米ヌカやフスマ、ミネラルなども入っている

キノコの種類によって菌床の主原料は違う

	シイタケ	エリンギ	エノキ	ブナシメジ
菌床の主原料	オガクズ(広葉樹)	オガクズ(針葉樹)	コーンコブ オガクズ(針葉樹)	コーンコブ

●廃菌床ができるまで●

殺菌済みの菌床に接種されたキノコ菌は、どんどんと菌糸を伸ばしていく。

キノコ菌を中央の穴に接種
（断面図）

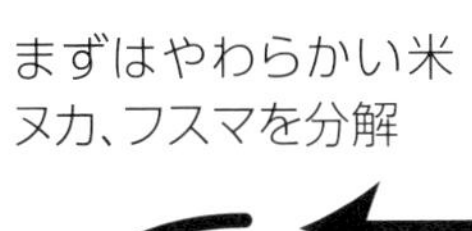

まずはやわらかい米ヌカ、フスマを分解

接種から30〜40日後。菌糸が菌床全体に広がると、外側は真っ白になる

徐々に硬いオガクズやコーンコブも分解する

袋の中で栽培されるよ

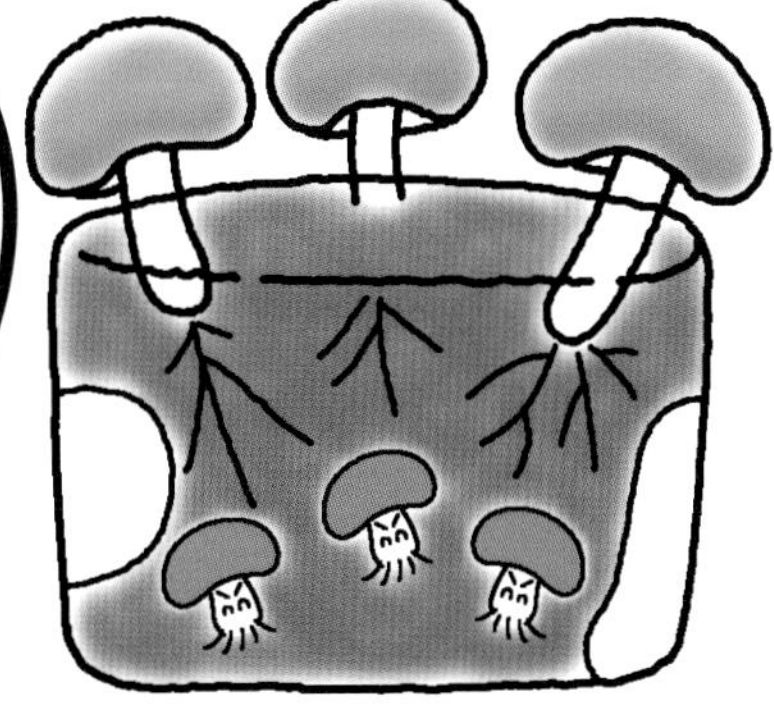

接種から80〜120日後。褐変化がすすんでくる。袋を剥がしキノコを発生させ、収穫する。菌床の大きさで収穫期間は異なる

まだまだ元気!!

廃菌床

収穫が終わった菌床は廃棄する場合が多い。しかし、その中は生きたキノコ菌や分解が進んでやわらかくなった木質有機物で、いっぱい。田畑や堆肥で最高に活躍できる。捨てちゃうなんてもったいない！

入手先は　森林組合や近くのキノコ農家、キノコ工場からが多いみたいだよ

●廃菌床は微生物の最高のエサ●

廃菌床には植物の生育に必要なチッソ、リン酸、カリほかいろんな成分が豊富。チッソは硝酸態やアンモニア態はほとんどなく、大部分が有機態チッソ。その正体はキノコ菌の菌体タンパクで、畑にまくと、土壌微生物の最高のエサになる。

オガクズが主原料のシイタケ廃菌床の成分

	全チッソ	硝酸態チッソ	アンモニア態チッソ	リン酸	カリウム	カルシウム	マグネシウム	全炭素
廃菌床1個当たり(g)	4.0 (1.3%)	0.0 (0.0%)	0.1 (0.0%)	6.6 (2.1%)	2.0 (0.6%)	4.8 (1.5%)	2.9 (0.9%)	143.2 (45.6%)

廃菌床1個の乾重量は約314g、カッコの%は重量の比率

C／N比はオガクズ廃菌床で30〜50、コーンコブ廃菌床で18

●堆肥にしてもよし●

分解しにくいモミガラも廃菌床を混ぜると急速発酵!
半年で半分のカサになる。
(現代農業2017年10月号、長野県、小林恵子さん)

熱

完熟堆肥

廃菌床

モミガラ

半年後

モミガラ堆肥でレタス畑の菌力アップ！　水はけもバツグン！

堆肥はとても高温になる。たっぷりいたキノコ菌は死んでしまうが、その栄養リッチな死骸をエサに、他の微生物がどんどん増殖、発酵を進める

●そのまま畑に入れてもよし●

廃菌床は発酵させずにそのまま畑に施用することもできる。C／N比は高いが、キノコ菌が生きたままならチッソ飢餓も起こらない。（現代農業2016年12月号、加藤一幾先生）

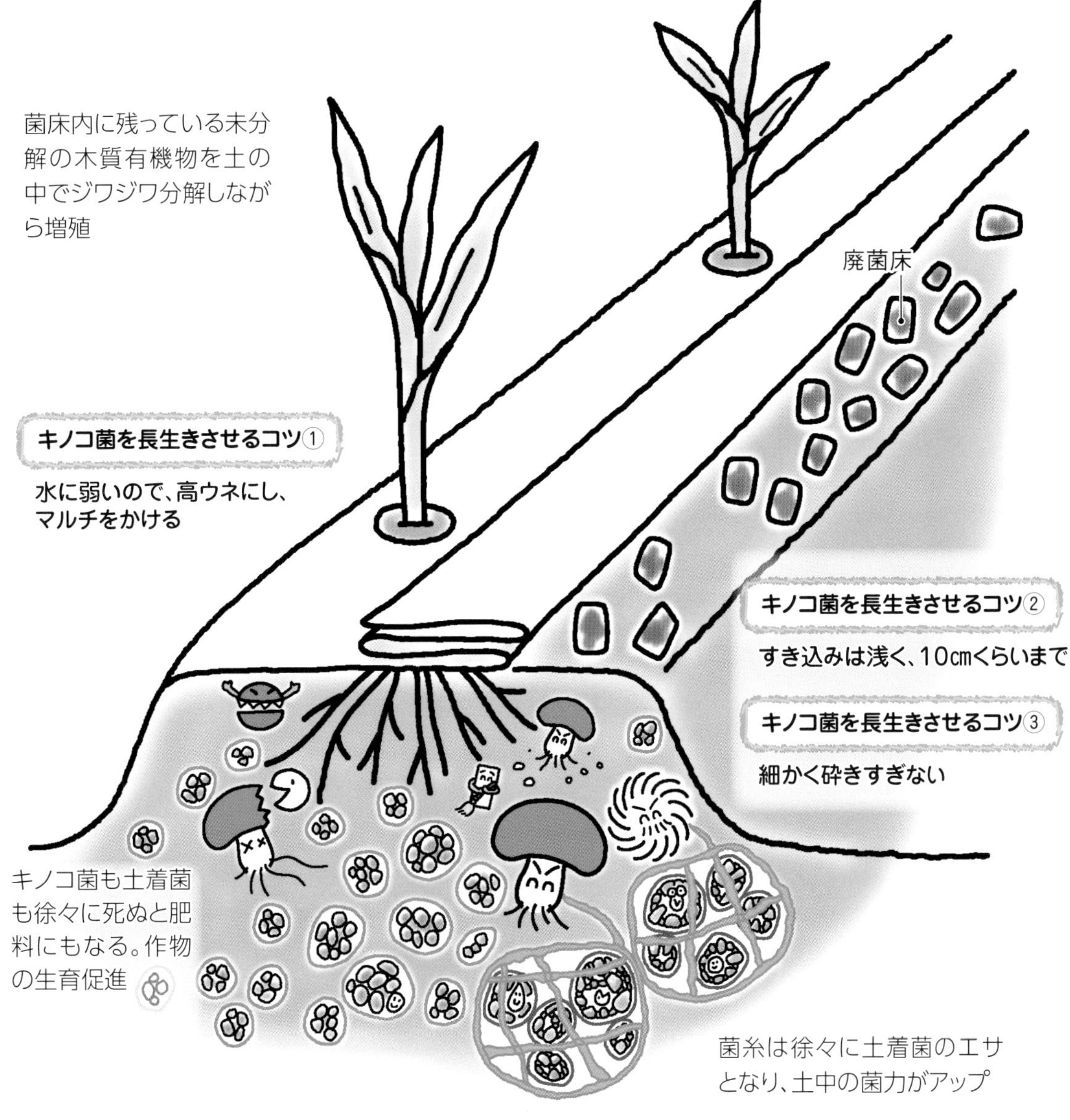

いいキノコがとれる菌床はどれ？

ナメコとマイタケに最適なオガクズ

13種の広葉樹で試験

新潟県森林研究所●倉島　郁

県内産のオガクズを利用するために

全国2位のキノコ生産県である新潟県では、菌床栽培用の広葉樹オガクズの多くを県外からの移入に依存してきました。しかし、東日本大震災による福島第一原子力発電所の事故以降、その供給が不安定な状況となっています。そのため、県内にある広葉樹資源をキノコ菌床栽培に利用していくことを目的に、樹種別の適性を明らかにするための試験を行ないました。

新潟県村上市周辺に自生する広葉樹13種類を用い、ナメコとマイタケの菌床栽培を実施しました。なお、ナメコは当研究所、マイタケは生産会社の一正蒲鉾㈱が担当した共同研究です。

ナメコで最適だったのは5種

13種それぞれの広葉樹を主体にした培地と、菌床栽培用に販売されている培地（対照区）を比較するかたちで試験を行ないました。良否の判定ポイントは、対照区に比べて収量が多いこと、栽培日数が同程度か短いこと、形質に問題ないことの3点です。

ナメコで3つの条件をクリアできたのは、ブナ、アオダモ、イタヤカエデ、ハクウンボク、オオバボダイジュの5種でした。コナラとホオノキは、対照区に比べて収量と栽培日数が同程度だったので、これらも使用できると思われます。収量が多かったものの栽培日数や形質に問題があったのはオニグルミ、キハダ、ミズキの3種。クリとウワミズザクラについては、とくに収量が悪いことがわかりました。

クリは、以前は鉄道の枕木や住宅の土台に使われていた樹種で、抗菌性に優れているといわれています。ナメコの菌回りがとても遅く、キノコの発生量はもっとも少量でした。

マイタケで最適だったのは2種

マイタケもナメコと同様に試験を行ないました。3つの条件をクリアできたのは、ハクウンボクとアオダモの2種でした。コナラとイタヤカエデは、対照区に比べて収量と栽培日数が同程度だったので、これらも使用できると思われます。一方、クリ、ホオノキ、ウワミズザクラ、オオバボダイジュ、カラスザンショウ、オニグルミ、ミズキ、ブナは収量が少なく、単独で用いるのは難しい結果となりました。

なお、ブナはマイタケ栽培に適した樹種とされています。今回用いた菌株が、栄養材やその組成などに適応していなかった可能性があります。

どちらにも最適なのは2種

試験を通してアオダモとハクウンボクの2種が、ナメコとマイタケのいずれの栽培にも最適なことがわかりました。アオダモは、野球のバットの材料として知られており、北海道や岐阜県では「バットの森づくり」として植樹されています。ハクウンボクは、白い可憐な花が覆いつくすように咲く美しい木で、庭園木としても利用されています。ただし、これらの木は、村上市周辺の山で頻繁に見かけるような樹種とはいえません。

一方、単独の利用ではナメコやマイタケ栽培に適さなかったクリやウワミズザクラは、周辺の山で普通に見ることができます。身近なこれらの木の活用方法を探るのも今後の課題です。

広葉樹オガクズの樹種別キノコ栽培への適性

区分	キノコの種類	
	ナメコ	マイタケ
最適	ブナ、アオダモ、イタヤカエデ、ハクウンボク、オオバボダイジュ	アオダモ、ハクウンボク
不適	クリ、ウワミズザクラ	オニグルミ、カラスザンショウ、キハダ、クリ、ホオノキ、ウワミズザクラ、オオバボダイジュ、ミズキ、ブナ

クリの培地で育てたナメコ（1番収穫の時）。発生量が悪い

イタヤカエデの培地で育てたナメコ（1番収穫の時）。収量、栽培日数、形質ともに良好

■ ナメコの試験方法

培地の組成は、オガクズ（13種類の広葉樹それぞれ）、コーンコブ、フスマを乾重量で7：3：2の割合になるように混合し、水分量を63％にしたものと、対照区として市販の菌床栽培用オガクズ（コナラが主体）を用いて栄養材や水分量を同じにした培地で栽培比較。調査では、収量（2番収穫を含む）、発生処理から2番収穫までの栽培日数、キノコの形質の3点を見た。

■ マイタケの試験方法

培地の組成は、オガクズ（上記と同様）、オカラ、フスマ、ホミニフィード（トウモロコシのヌカ）を乾重量で40：6：6：3の割合になるように混合し、水分量を67％にしたものと、上記ナメコと同様に対照区を設けて栽培比較。調査項目もナメコと同様（マイタケの収量は生重量）。

混合オガクズも試験中

菌床栽培用として一般に出回っているオガクズは、キノコ栽培には不適とされる特定の樹種を除いて、複数の樹種を混合して製造されているのが実態です。

ですから読者の皆さんが、単独の樹種でのオガクズを入手できる機会は、ほとんどないかもしれません。しかし、樹種ごとの適性はあまり知られていません。これらを知っておくことは、今後オガクズを入手する際などには有用な基礎情報になると思います。

現在は、この試験を踏まえた複数樹種による混合オガクズ培地での栽培試験を進めています。これらの試験結果をオガクズの原木生産やオガクズ工場の現場でも参考にしてもらい、多様な樹種が活用されることを願っています。

現代農業2017年3月号

やっかいな竹を宝に

竹チップ培地でうまいキノコ

日本きのこ研究所●牧野　純

放置竹林の解消を目指して

竹は、これまで建材やさまざまな道具の材料として利用されてきた優秀な植物です。しかし、生活様式の変化による竹材利用量の減少などで、近年は「放置竹林」が問題となっています。放置された竹林は、近隣地域に急速に拡大し、農作物や植栽木への被害、景観の悪化や交通への障害などの問題が表面化しています。こうした問題の解決には、竹林の管理とともに、竹材に新たな価値を持たせ、利用量を増加させる必要があります。

そこで、竹チップをオガクズのようにキノコ栽培に使用することで問題が解決できないかと考え、NPO法人「竹取物語」（群馬県渋川市）から竹チップを提供していただき、10種類のキノコの実験室規模での栽培試験を行ないました。一部のキノコは生産者規模での実用化栽培も実施しました。

チッパーで粉砕して竹チップに

竹チップは、伐り出した竹材をチッパーで粉砕して製造します。竹は多くの空気を含んでいるため、粉砕して体積を減少させた後、袋に入れて運搬しやすくしました。運搬した竹チップは、そのまま袋内で1カ月程度発酵させた後、袋から出して自然乾燥させます。ただし、チッパーで粉砕した竹チップは細長い繊維状のものが含まれるため、ふるいを使って粗いものを取り除いてからキノコ栽培に使用しています。

4種のキノコでは従来培地と遜色なし

竹チップは水を吸いにくい特性を持つことから、培地水分は低めに調整する必要があります。なお、水分調整以外は通常のオガクズと同様に取り扱うことができます。

われわれは、広葉樹や針葉樹のオガクズを使用した培地と、オガクズを竹チップに

シイタケ

オガクズの 20%を竹チップに置き換えて栽培したもの。品種によっては 40%ほどを置き換えても問題ないものがある

エノキタケ

いずれも使用しているオガクズの全量を竹チップに置き換えて栽培したもの。遜色なくできる

置き換えた培地を用意し、その栽培成績を比較することで竹チップ培地への適性を判断しました。その結果から、ヒラタケ、タモギタケ、エリンギ、エノキタケの4種類は、針葉樹を使用して栽培した場合と発生したキノコの収量や形質に遜色がみられず、オガクズを高い割合で竹チップと置き換えた培地での栽培に適することがわかりました(下の表)。

しかし、これら4種類のキノコは、安価な針葉樹やコーンコブなどを使用して栽培されていることから、生産者への竹チップの供給価格が安価に抑えられなければ、コスト削減が難しいこともわかりました。

シイタケは30%ほど置き換えが可能

そこで、価格の高い広葉樹オガクズを使用して栽培されているシイタケであれば、一部を置き換えるだけでもメリットがあると考え、竹チップの割合について調査したところ、30%程度までであれば栽培に支障がないことがわかりました。

群馬では竹チップ栽培がスタート

最初に使用した竹チップはマダケでしたが、全国的にはモウソウチクが多いため、両者の比較調査も行ないました。その結果、モウソウチクとマダケには若干の違いがみられましたが、表の結果を超えない程度の割合なら同じように使用できることがわかりました。

現在、群馬県では実証栽培に協力をいただいたエノキタケ生産者が竹チップを使用した栽培を継続しており、シイタケやアラゲキクラゲ栽培に使用し始めた生産者もいることから、竹チップを使用したキノコ生産者は今後増える可能性があります。

旨み成分などが増加

竹チップを使用することで、キノコの成分がどのように変化するのかを一部のキノコで調査しました。その結果、ヒラタケではタンパク質や脂質が増加し、糖質や食物繊維が減少しており、エノキタケではタンパク質や脂質、食物繊維が減少し、糖質が増加しました。遊離アミノ酸の分析では、竹チップを使用することでヒラタケにアスパラギン酸が多く含有される特徴的な傾向がみられ、エノキタケでは旨み成分であるグルタミン酸が増加しました。

キノコの成分については、さらに調査が必要と思われますが、竹チップを使用することで、キノコの味が向上する可能性があり、差別化商品につなげることも期待されます。

竹チップ培地におけるキノコの栽培適性

オガクズを置き換えられる竹チップの割合	キノコの種類
高い割合で置き換えが可能	ヒラタケ、タモギタケ、エリンギ、エノキタケ
25～50%であれば置き換えが可能	アラゲキクラゲ、ブナシメジ、ヤマブシタケ、シイタケ
使用は適さない	マイタケ、ナメコ

◇

今回、竹チップがキノコ栽培にオガクズの代替えとして使用できることを紹介しましたが、竹チップは竹林の立地条件や伐採方法、竹チップの製造法などによって生産者に供給できる価格に大きな違いが生じます。キノコ栽培への利用を促進するためには、放置竹林から効率よく竹材を回収する仕組みづくりが重要です。こうした問題点が解決されれば、放置竹林に付加価値を生み出すことが可能となり、放置竹林対策の一助になると考えられます。

現代農業2017年3月号

なんと！ 針葉樹の間伐材でキノコ栽培

ヒノキのホダ木1玉（15㎝長）から約50本のナメコが発生

ヒノキの間伐材で ナメコ・ヒラタケ、大成功

愛知県春日井市●高橋勇夫

8haの森林を整備

平成14年、春日井市の自然環境保全を目的に、みどりのまちづくりグループという市民団体を10人で立ち上げました。現在会員は90人を超え、春日井市を中心に森林での植樹・間伐作業、花壇・公園管理、クリーン作戦、学校林を利用した自然環境出前講座等、23のプロジェクトを行なっています。

その一つ、癒やしのもりづくりプロジェクトでは、市東部丘陵地帯みろくの森（県有林）にあるヒノキなど針葉樹の人工林（樹齢35～60年）で、林道の草刈り、ゴミ拾い、下刈り、間伐、除伐、枝打ちを年間延べ150人で行なっています。

以前は間伐、除伐した材は山に放置していましたが、我々は「間伐材は森の恵み」と考え、公園やみろくの森にベンチをつくったり、間伐材利活用祭りを開催したり、県・市のイベントで遊具やクラフトづくりをしてきました。

間伐～仮伏せが1日でできる

ほかにもっと有効活用する方法はないかと模索している時、キノコは一般的には広葉樹を原木にするが、県の林業普及指導員から「ヒノキでもナメコ、ヒラタケがつくれるらしい！」と情報をもらい、挑戦を決めました。

平成22年3月、間伐・枝打ち体験に加えて初めて、ナメコとヒラタケの菌打ち体験を実施。午前中にヒノキを間伐し、直径20～25㎝材には菌を断面接種（短木栽培）。直径10～20㎝の材には駒菌接種しました。

ヒノキは広葉樹と違って伐採後の水分が抜けやすいので、原木の乾燥時間が不要です。伐採から玉切り、植菌、仮伏せまでを1日で行なえることが、針葉樹のメリットだと思います。

断面接種法でその年に収穫

ここでは断面接種法を紹介します。

3月、直径20〜25㎝の間伐材を長さ15㎝に玉切りします。種菌は米ヌカなどと練り混ぜて玉の木口に塗り、別の玉で挟んで密着させ、ラップなどで巻いて固定。それを林内に仮伏せします。

7月、丸太に菌が回ったところで、1玉ごとに離して本伏せします。

収穫は11月です。初年度は11月13日に行ないました。ほとんどの参加者がホダ木に生えたキノコを見たことがなく、驚きの歓声が上がりました。この時点でナメコは8割のホダ木から、ヒラタケは3割から発生していました。最終的にナメコは全部のホダ木から、ヒラタケは6割から発生しました。2年目はそれぞれ3割、3年目にはゼロになりました。

肝心の味のほうですが、役所のキノコの会の人に試食してもらったところ、天然の

平成22年
3/20

ヒノキを間伐

ナメコ、ヒラタケの菌を断面接種

直径20～25㎝のヒノキを長さ15㎝に玉切り。2玉を1セットとし、25セットつくる。市販の種菌（1000cc）に、玉切りした時に出たオガクズ4ℓと米ヌカ2ℓを加えて増量し、清水を入れて混ぜ合わせる。それを木口面に塗る

もう一つの玉でサンドし、挟んだ種菌部分をラップやガムテープでぐるぐる巻いて固定

仮伏せ

乾燥が大敵なので、ヒノキ林のなるべく湿り気の多い林床に置き、さらにヒノキの枝葉で覆う

本伏せ

仮伏せしたホダ木を1玉ごとに離して、菌糸の繁殖のよい面を上にして並べる。隙間に腐葉土を入れ、ムシロで覆い十分散水する

7/25

白色の菌糸が十分に伸びた木口の様子

11/4

ムシロを外し、林床から50㎝の高さに寒冷紗の屋根を設置。この時点でナメコは3株発生、ヒラタケは発生していなかった

11/13

ナメコ
大発生

ものと変わらないとの評価をもらいました。私もキノコ汁を食べましたが抜群のおいしさでした。1年でこれほどのすばらしいキノコが収穫でき、大成功でした。

駒菌接種は長さ90㎝に玉切りしたものに菌駒を打つ方法ですが、断面接種に比べて、その年の発生率はごくわずかでした。

今後も住民を巻き込みながら、森林整備とあわせて続けていきたいと思います。

現代農業2018年11月号

搬出不要、仮伏せなし

カラマツの切り捨て間伐材でクリタケ・ナメコを林床栽培

長野県林業総合センター●増野和彦

腐朽しにくい針葉樹を使えないか

「間伐材の有効利用のため、カラマツなどの針葉樹をキノコ栽培に使えないか」。これは、以前から投げかけられている課題です。

間伐は樹木の生育を促すために行なう間引きです。しかし、間伐材は細い上に強度が弱くて狂いが出やすいなど、建築材として大量に利用するには解決すべき課題が多くあります。また販売価格が安いわりに搬出に相当の経費がかかるため、採算が合わず林内に切り捨てられることが多くなっています。

シイタケ、ナメコなどの原木栽培では、ナラ類やクヌギなどの広葉樹が主に使われています。針葉樹にはキノコの菌による腐朽を阻害する抗菌性物質が広葉樹より多く含まれているためです。針葉樹が木材腐朽

カラマツ原木から発生したクリタケ

菌に対して強い耐性を持つことは木材防腐の観点からは望ましいことですが、キノコ栽培にとっては逆に不利な条件となります。

搬出しなければ採算がとれる

では、針葉樹原木からはまったくキノコが発生しないのかというと、そんなことはありません。広葉樹原木に比べれば大きく収量は低下しますが、キノコは発生します。

クリタケやヒラタケは、比較的原木の樹種を選ばないキノコといわれています。このうち、クリタケの試験栽培結果（左上の図）では、コナラ原木に対してカラマツ原木での収量は20％程度でした。キノコが発生するとはいえ、この程度の収量ですと、原木を森林から伐り出して植菌する一般的な栽培方法では経費が収入を上回り、採算を得ることは容易ではありません。

しかし、切り捨て原木からキノコを得て、その分をプラスαの収益と考えるのであれば意味が異なってきます。

また、広葉樹を超えることはできなくとも、針葉樹でも広葉樹の50％程度の収量が得られるキノコの品種が存在すれば、間伐材および森林空間の活用の新たな可能性を開くことができます。

そこで平成22～26年度に農林水産省の競

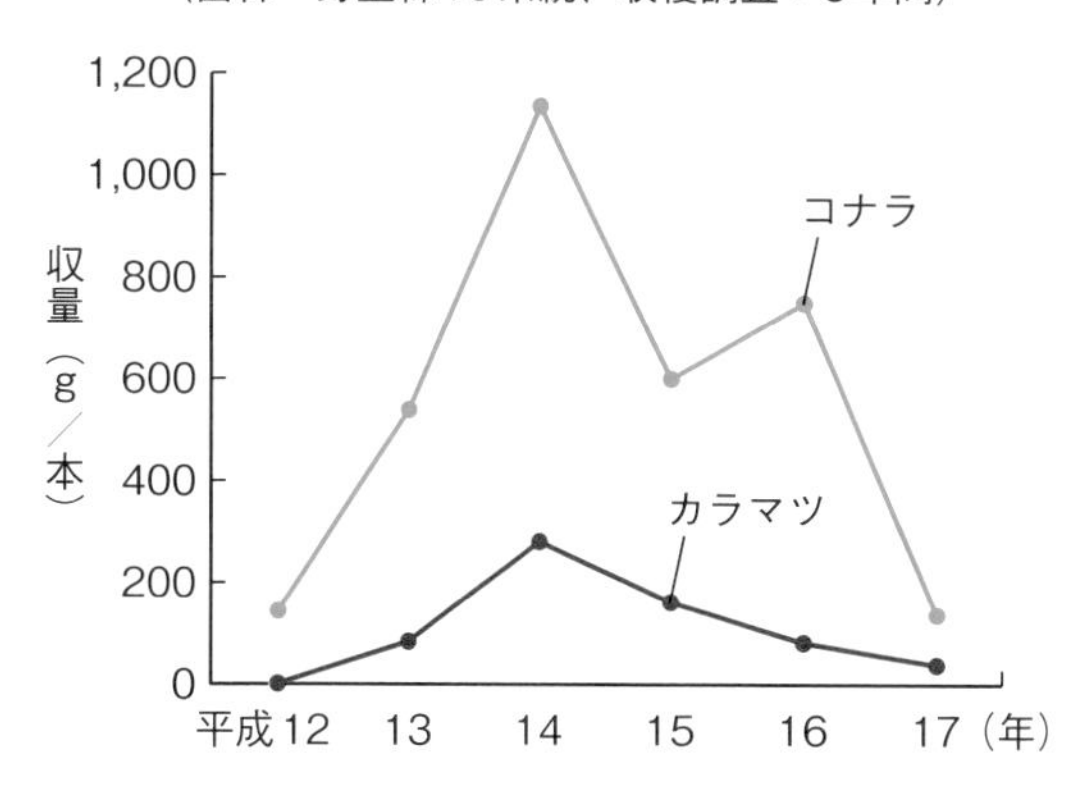

クリタケ野生株をカラマツ原木で栽培した場合の収量は、コナラ原木での収量の約20％

林内を整地して、伐採したカラマツ間伐材を配置

わりばし種菌で植菌

チェンソーで切り込みを入れたところに、わりばし種菌を差し込む

わりばし種菌。浸水したわりばしを、菌床栽培用培地とともに容器に入れて殺菌、冷却後に菌を接種して培養したもの。少量であればモニター試験を前提に配布している

培養原木で植菌

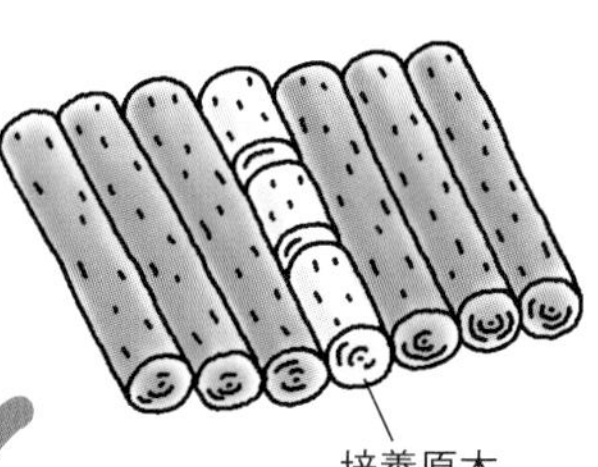

菌を培養した短木の原木（あるいは菌床）を間伐材3本ごとに3個ずつ伏せる

土で被覆（本伏せ）

天然に近い風味のナメコ

争的資金を得て、「地域バイオマスを利用したキノコの増殖と森林空間の活性化技術の開発」の一部として、信州大学農学部・星の町うすだ山菜キノコ生産組合と共同で、この点に取り組みました。

2つの方法で林床栽培

▼わりばし種菌で植菌

試験地はカラマツの「間伐手遅れ林」に設定し、22年、林床でカラマツ原木に、これまでに開発した2つの方法でクリタケとナメコを接種しました。いずれも仮伏せはせず、最初から本伏せできます。

1つ目は、あらかじめわりばしに菌を培養して「わりばし種菌」をつくり、それを原木に埋め込む簡易接種法です。この方法で翌23年の秋からナメコ子実体が、24年の秋にはクリタケ子実体も、それぞれカラマツ原木から発生しました。

▼培養原木で植菌

2つ目は、あらかじめ菌を培養した短木の原木（殺菌原木法）や培養菌床を接種源として、カラマツ原木の間に埋める方法です。こちらも24年の秋から子実体が発生しました。菌糸体が順調にまん延した状況を確認しています。

このことから、森林空間と林内有機物を有効活用し、カラマツなど針葉樹の切り捨て間伐木の腐朽促進を図り、キノコを生産できることがわかりました。

クリタケの優良菌株「ビックリタケ」を村の特産品に

クリタケについては、カラマツ原木に適した菌株の選抜も試みました。コナラ原木に対して、カラマツ原木でのキノコの収量が50％以上の菌株を選抜することを目標にしました。

まず野生株32菌株を育種素材にして交配株を作出し、菌株の菌糸伸長と原木栽培試験の結果により、優良な菌を選抜しました。そしてカラマツおよびコナラ原木の両方から子実体が発生した計10菌株（野生株2菌株を含む）について、カラマツ原木での子実体発生が、コナラ原木での発生率に対してどれくらいの比率かを調べました。

子実体発生比率は、おおむね20～30％の値でしたが、中にはコナラ原木と同等以上の収量のある菌株があり、カラマツ原木栽培に適した特性を有するクリタケ菌株を見出しました。また、大型クリタケを発生する系統など、多様な特性を持つ菌株を選抜することもできました。

30年4月には長野県根羽村、信州大学農学部、長野県林業総合センターなどが連携し、根羽村林業研究グループや根羽村森林組合の皆様とともに、選抜したクリタケ菌をカラマツ原木へ植菌しました。とくに大型クリタケの系統を「ビックリタケ」と名付け、村の特産品とすることを目指しています。

林床栽培、選抜品種で収益を

一般的な原木キノコ栽培では、原木の伐り出しや運搬の作業に多くの労力を費やすため、経費が増大します。伐採した原木の運搬を最小限にして、現場の森林空間を活用すれば、労力や経費を削減できます。簡易接種法などを針葉樹原木に適用したり、カラマツ原木用クリタケ品種を植菌したりすることで、ある程度の収量が得られることがわかりました。

この品種を育成するためにはさらなる研究の継続が必要ですが、元来、キノコ栽培に適さない針葉樹の活用に向けて、一歩前進したと考えています。

現代農業2018年11月号

予想以上にどんどん発生 間伐カラマツで 味の濃いナメコ

長野県諏訪市●宮阪菊男

カラマツで予想以上のナメコ

カラマツの間伐材は伐っても山から運び出すのがたいへんなので、放棄に等しい状態で放置されているのをよく見かけます。私もカラマツの山を持っているのですが、本当にもったいないと思っていました。

10年くらい前、地元の新聞で「カラマツにクリタケを植え付けるとよく生える」という記事を見て、私も試しにやってみました。すると、広葉樹に植え付けるのに比べて発生量は少ないものの、7～8年も楽しめました。

「これならほかのキノコも生えるかもしれない」と思って試しにいろいろなキノコを打ち込んでみたところ、一昨年、少しですがキノコの発生を見ました。それは柄（足）が太く、味の濃いナメコでした。本当に太い軸でした。

それが翌年は予想以上にどんどん生えて、写真のような状態に。教科書には書いていない方法ですが、実際にやってみて「すごい！」と思いましたので、ここに紹介します。

伐ったその場で種駒を打ち込むだけ

カラマツを3～4月に伐採したら、翌日にすぐ種駒の打ち込みをします。間伐材の直径は約30～40㎝。伐って長いままでも大丈夫ですが、大きすぎるものは現場で転がせる程度の長さに切ります。

そして、まず表側に20㎝くらいの間隔で適当に種駒を打ち込んだら、転がして裏側にも同じくらいの間隔で種駒を打ち込みます。

木口はラップで保湿したほうがいいようです。秋のはじめにラップを取りますが、あとは林間に放置しておくだけ。10月の終わりか11月のはじめ頃になるとナメコが出てきます。手間はほとんどかかりません。ぜひ試してみてください。

現代農業2006年5月号

種駒を打ち込んだ翌年にはこれだけナメコが生えてきた。品種は「森2号」

庭先でできる　おもしろ原木栽培

夢がふくらむ原木マイタケのプランター栽培

キットも販売中

秋田県大館市「山田地域づくり協議会」●赤坂　実

大館市の山田地域づくり協議会では、再生可能な山林資源の有効活用のために2009年度からナラの木で原木マイタケを栽培しています。原木の玉切り、煮沸・植菌、埋め込み作業などをすべて、住民の手で行なっています。作業を通した地域コミュニティづくり、首都圏スーパーへの出荷、マイタケオーナー制での都市住民との交流などに取り組み、過疎集落の活性化を目指しています。

庭先の野菜コンテナからニョキ!?

原木マイタケ栽培は、栽培過程でかなりの重労働と繊細な取り扱いが必要で、ホダ木を山中に埋め込むにも湿気があり水はけがよい場所を選ぶなど、一定の条件があります。「もっと簡単に栽培できないものか」と、当初から考えていました。

栽培2年目のこと、ある栽培者が庭先で、土を入れた野菜コンテナにマイタケホダ木を埋めて栽培しているではありませんか。しかもいびつながらマイタケがコンテナの間から出ていました。栽培者曰く「山にホダ木を運ぶのも大変だし家のそばで栽培したかった」。コレです。ピーンと来ました。プランターでの栽培が目に見えた瞬間でした。

野菜感覚でマイタケがとれる

そこで誰でもどこでもマイタケがつくれるように、プランターにホダ木を入れて育てる栽培キットづくりに取り組むようになりました。

プランターならマイタケを野菜感覚で栽培できます。家の軒下や庭木の下に置いて場所をとらず、生長具合を小まめに点検できます。とくにマイタケは「雨マイタケ」とよばれるほど水分が必要で、かつ適度な水はけが大事。庭先なら水やりも簡単、プランターだから水はけも抜群です。

以下、プランターを使った栽培キットでの育て方です。

原木マイタケは天然に近い食感と香りが魅力

プランター栽培の方法

▼5個まとめて埋める

1つのプランターにホダ木を5個ほどま

7月頃にプランターに埋める。まず赤玉土を入れる。5個を密着させると大きな株が出やすい。このプランターは山田集落特製で秋田スギの組み立て式

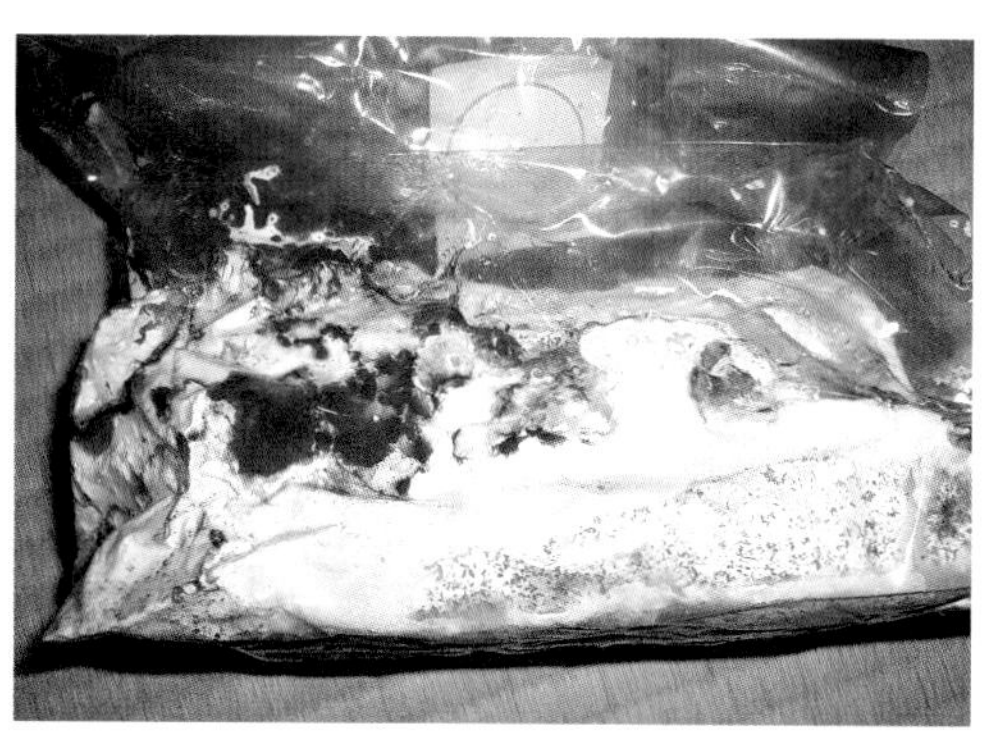

ホダ木。直径約20㎝のナラを長さ15㎝に玉切りし、2～4分割したものに植菌して数カ月後の菌が回った状態。埋めるときは培養袋をはがす。入手は秋田県大館市山田字赤坂45-2、TEL090-4889-5440（赤坂）、メールminoru-a@agate.plala.or.jpまで

とめて埋めます。1個だけより発生率が上がり、大きく育ちやすいからです。ホダ木1個のサイズは直径約20㎝、長さ15㎝（短木）、重さ1㎏。プランターは幅60㎝奥行き40㎝、高さ26～30㎝が必要です。

他の材料は、鉢底石数個、赤玉土の最小粒14ℓ1袋、無肥料・無農薬の黒土1袋、できれば落ち葉を少し（枯草でもよい）、1m四方の寒冷紗1枚です。ほとんどがホームセンターで準備できます。もちろん家の近くで山土を採取できれば（黒土、赤土、シラス問わず）最適です。

まずプランターの底に石を敷き詰め、赤玉土を石が見えなくなるまでかけます。その上にマイタケホダ木を密着させて5個並べます。

残りの赤玉土を全部かけ、その上に黒土をかけて隙間を埋めます。

一番上に落ち葉をかけます。理由は、雨の跳ね返りでマイタケに土が入り込まないようにするためです。

黒土を上まで入れ、落ち葉で覆う。泥の跳ね返りがなくなる

▼軒下や庭木の下に置く

置き場所は、雨水が滴る家の軒下や庭木の下などがよいです。地面はコンクリートでも構いません。マイタケは直射日光に弱いので、プランターの四隅に棒を立て寒冷紗で覆います。庭の木々で日光が遮られ、チラチラ日が当たる場所は最適です。

▼夏場の水不足に注意

落ち葉の表面が乾燥しないほどに適宜水を与えます。夏場、35℃以上が続くときは毎日水をやります。とくに8月は、まだ目

直射日光に弱いので収穫まで寒冷紗をかける

山田集落の原木マイタケ栽培（露地）

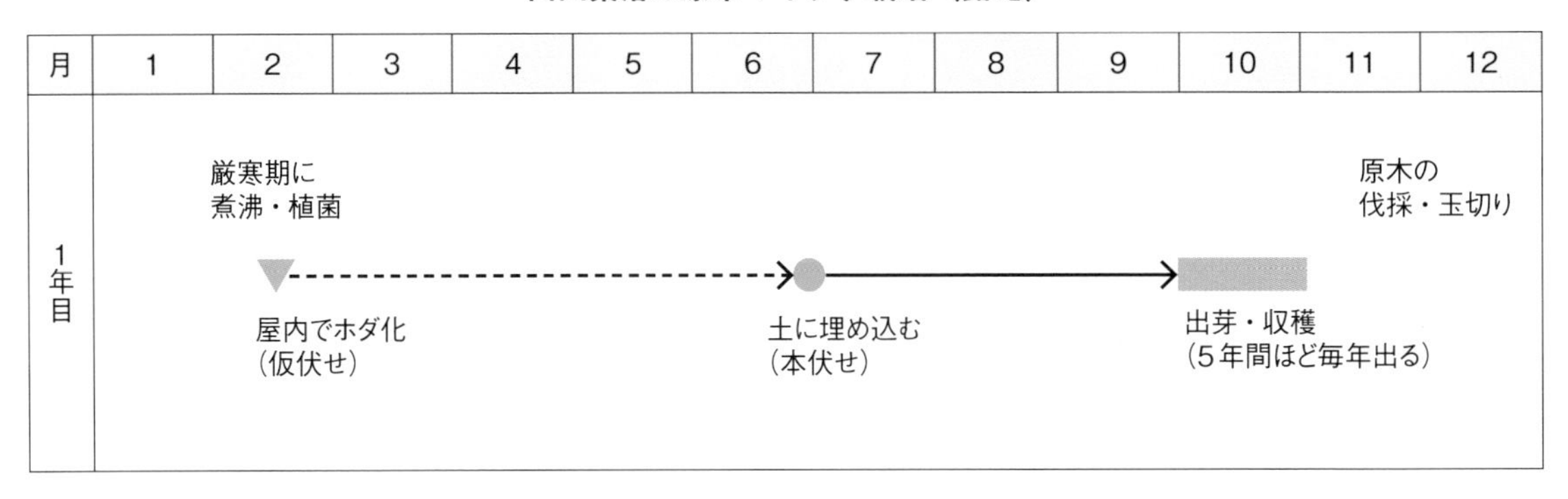

煮沸殺菌後、培養袋に入れて植菌

山中での栽培でも密着させて埋める

視はできませんがマイタケの芽ができる重要な時期のため、秋の収穫に向けて乾燥状態を防ぐことが大事です。

▼収穫までは刺激しない

夜温が18℃を切る日が1週間ほど続くと、突然黒い大豆大の幼芽が出てきます。4年前から東京銀座3丁目の紙パルプ会館屋上でもプランター栽培をしており、ここでは毎年9月25日前後に出芽しています。

プランター栽培の最大の欠点は、マイタケの幼芽期、山で栽培する場合よりナメクジが多く付きやすいことです。ナメクジは手で取らず、マイタケに刺激を与えないようにそっと割箸などで取り除いてください。この時に触ると生長が止まってしまいます。また、決して薬剤は使わないことです。

▼5年間、毎年とれる

収穫後は寒冷紗を外し、春まで何も手をかける必要はありませんし、5年間は収穫を見込めます。

マイタケホダ木5個でどのくらい収穫できるかが気になるところですが、一家族が食べられて、もしかしたら近所におすそ分けも……といった具合でしょうか。ホダ木は1個800円（税込）で販売、秋田スギのプランターについては応相談。夢が膨らむマイタケのプランター栽培です。

現代農業2018年9月号

軒先にほったらかしで
10年以上とれた!

原木キノコのラップ栽培

長野県諏訪市●宮阪菊男

こんなに大きいのもとれる！

植菌後10年以上経過したオニグルミの原木。立派なヒラタケがまだまだ出てくる

保湿力で原木長持ち

キノコ栽培というと、里山など林地へ重い原木を運んで伏せ込み、発生したらとりに行くというのが常識ですが、家の周りでもキノコを確実に発生させることができます。

私のやり方は、原木全体を植菌直後にラップでくるむというものです。こうすれば、軒下でも庭先でも適当なところに放っておくだけで、何年もキノコが出てきます。たとえば、直径、長さともに40㎝くらいの太いオニグルミの原木からは、すでに10年以上ヒラタケが毎年発生しています。しかも大量に（上の写真）。

ラップを巻くと原木は抜群に保湿力がよくなります。乾燥防止のための散水が必要なく、原木の寿命も長くなっていると思います。ラップを巻くと酸素を好むキノコ菌が窒息するように思えますが、ラップの素材「ポリエチレン」には微細な穴があいていて、じつは多少の通気性もあるのです。キノコは毎年いたって元気に出てきます。

相性のいい樹種とキノコの組み合わせ
（筆者調べ）

樹種	相性のいいキノコ
クルミ類	ヒラタケ、ナメコ、ブナハリタケ、エノキタケ
カエデ科（ウリハダカエデなどのモミジ類）	クリタケ、エノキタケ、ナメコなど
カラマツ	クリタケ、ナメコ*（ヒラタケはだめ）
ヒノキ	ナメコ

*カラマツから出たナメコは味が濃くてうまい
他にもいろいろあるので、キノコ栽培の本などを参照のこと

キノコが生えてきたら

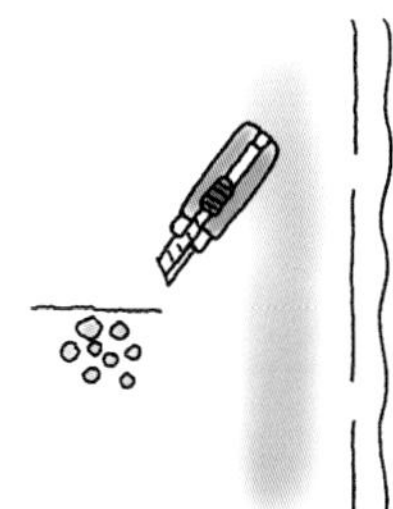

①小さなツブツブがラップを押し上げはじめたら、その少し上に1㎝くらい切れ目を入れる

②切れ目からキノコが出てくる

③キノコを収穫したらすぐに透明なビニールテープで穴をふさぐ

ラップの巻き方

細い原木の場合

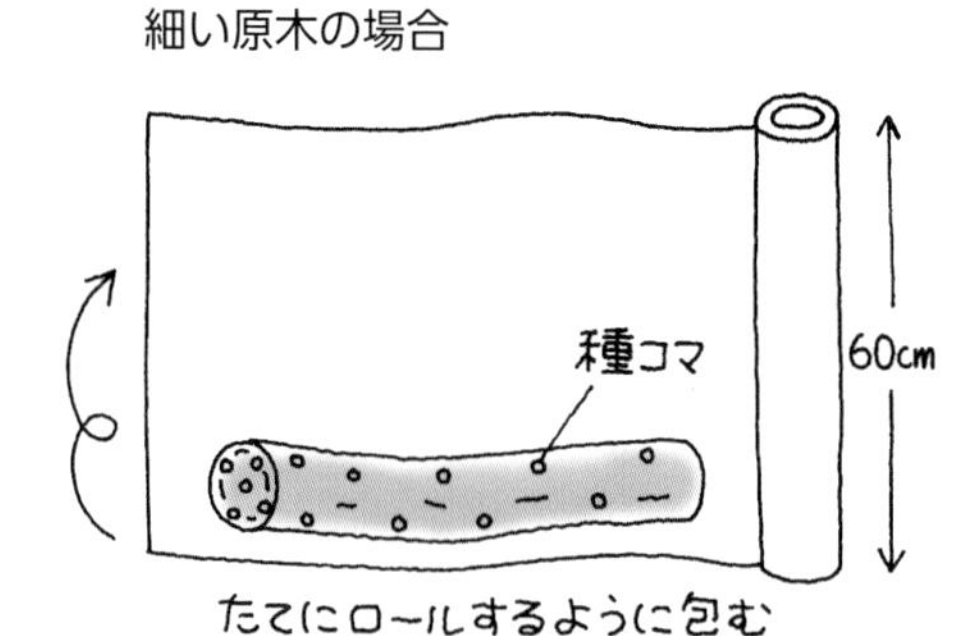

種コマ
60cm
たてにロールするように包む

太い原木の場合

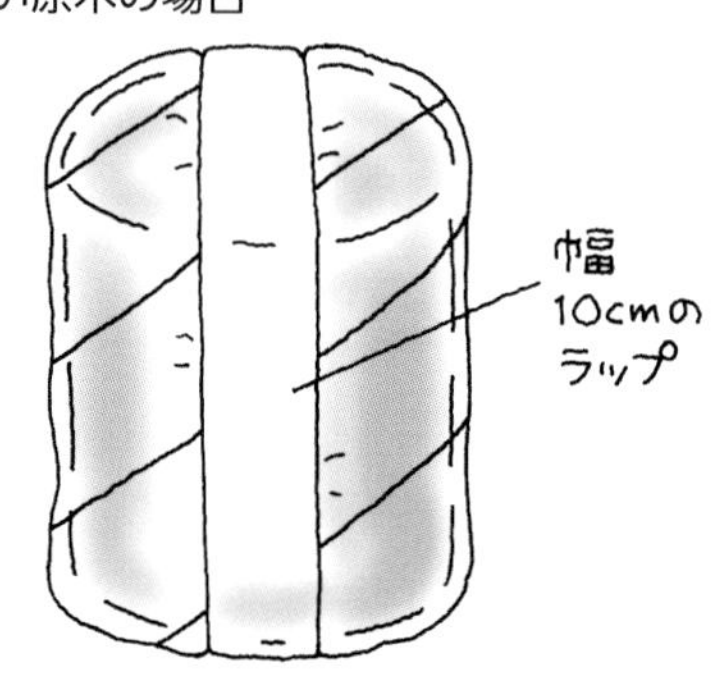

幅広いラップで斜めに巻いたあと、
細いラップを１～２巻して固定する

それと、キノコは意外と明るさを好むので、ラップが光を通すということも大事です。以前、試しに黒マルチを原木に巻いたところ、キノコ菌は全然広がりませんでした。

ラップ栽培のやり方

①木はいつ伐ってもいい

まずは原木を準備します。庭先の不要な木を伐ったものでも十分です。相性のいい樹種とキノコの組み合わせを表にしたので参考にしてください。

木を伐る時期は、春でも秋でもかまいません。ただ、夏から秋には種菌を販売していないので、秋に植菌するなら種菌を春に買って保存しておく必要があります（次のページの方法参照）。

伐った木は、持ち上がる程度の重さになるように輪切りして原木にします。木の幹が太いほど発生年数は長くなります。

②原木を伐ったらすぐ植菌

私はどんなキノコの種菌でも、伐ったばかりの生木にすぐ植菌します。そのほうが原木に雑菌が入りにくいと思っています。ラップ栽培のおかげか、このやり方で生木にキノコ菌が回らなかったことはほとんどありません。15～20㎝間隔になるよう原木に電気ドリルで穴をあけ、種駒を打ち込みます。

③ラップでくるんで軒下に置く

私の栽培のポイントは、植菌のあとすぐにラップしてしまうことです。私が現在使用しているラップは、60㎝幅と10㎝幅の二種類です。60㎝幅のラップはイナワラ梱包用としてディスカウントショップで普通に売られています。60㎝幅のラップでまず大きく包み、その上から10㎝幅のラップで押さえるように一巻きして固定するというイメージです。ラップは一重でも三重でもキノコの発生には影響ありませんが、全体がしっかりくるまれるように気をつけます。

④伏せ込みは明るい日陰に

ラップを巻いた原木は、軒下や庭の木の下などの明るい日陰に放置しておきます。1〜2時間くらいは日が当たるような場所でも平気でキノコは発生します。逆に暗い場所はダメです。

スペースに余裕があれば、原木は横に倒しておきます。雨水が側面にかかるとラップのなかにも多少浸みこんで保湿効果があります。場所に余裕がなければ縦置きでもかまいません。

⑤ナメコ以外は散水必要なし

ラップでかなり保湿ができているので、散水は必要ありません。水分を好むナメコの場合は、キノコの発生が始まったら1日1回ラップをあけて中に水をジャブジャブ入れてやると、キノコの出がよくなります。

キノコが出た跡はテープでふさぐ

秋になると、キノコの小さなツブツブが発生してきます。ラップが持ち上がる程度に成長したら、よく切れるカッターでその膨らんだ上部を、キノコを避けてスッとひとすじ1㎝くらい切れ目を入れます。

その切れ目を目指してキノコたちはいっせいに外へ顔を出そうとします。かわいそうだと思って切れ目を広げると乾燥して発生が止まることが大半なので放っておきます。ほどよい大きさになったら収穫します。

発生した場所のラップには穴が残ります。ここからの乾燥を防ぐため、キノコの収穫後すぐに梱包用の透明テープをペッチャンコして穴を塞ぎます。冬の間はそのまま放置して一向にかまいません。翌年かならず発生します。

現代農業2011年9月号

キノコの種菌　こうやって保存しています

種菌（種駒）は、普通、開封したらすぐに使い切ってしまうよう指導されていますが、私は使い切れない場合は保存します。半年から１年は平気でもちます。

①袋の上部を３分の１幅切り、使う分だけすばやく取り出す。
②すぐに切れ目をぴったりとふさぐ。
③種菌袋が入っていた箱に戻して、冷暗所に保管（冷蔵庫、冷凍庫には入れない）。

※袋タイプのパッケージでは成功したが、プラスチックビンでは失敗
※未開封の種菌も、冷暗所に置いておくだけで1年保存できた

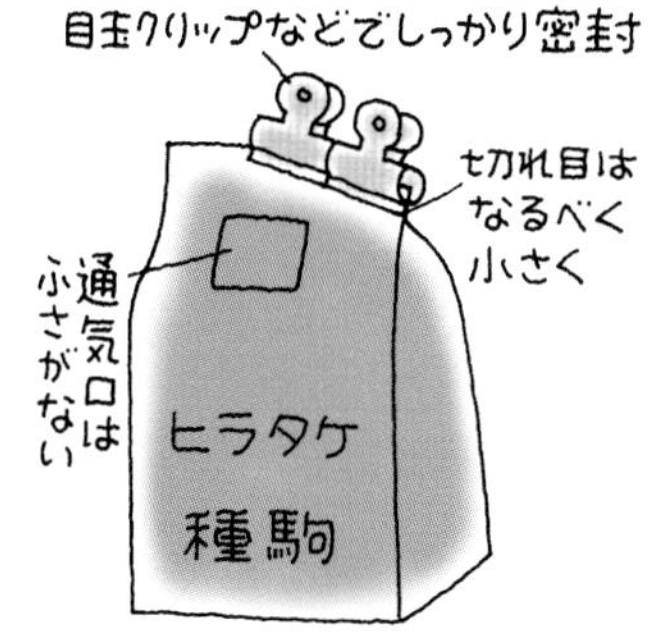

扱いやすく菌回りも早い「短木栽培」

その年の秋から収穫できる!

ナメコの短木栽培

山形県真室川町●小野喜栄

筆者。オーナー制キノコ園に取り組む(100ページも参照)(赤松富仁撮影、以下Aも)

菌回りも収穫も早い

真室川町(まむろがわ)という田舎で楽しく暮らすうえで、大自然を使わなくては損をしている気になります。身近に里山がありましたので、「真室川キノコ山菜研究会」を立ち上げました。近代文明だらけの生活とは違った生き方として、少年、少女だった頃のように里山で遊ぼうとしているグループです。研究会の活動として原木ナメコのオーナー制を行ない、「短木栽培」にも取り組んでいます。ナメコは普通は植菌して2~3年目から収穫しますが、原木を短く切る分、菌が一気に回り、春に接種してその年の秋にとることもできます。どなたでも簡単にできるものなので紹介したいと思います。

短木栽培のやり方

▼長さ30㎝に玉切り

原木はナラの木などを普通は90㎝ほどに玉切りしますが、短木の場合は字のごとく、短く30㎝に切ります。

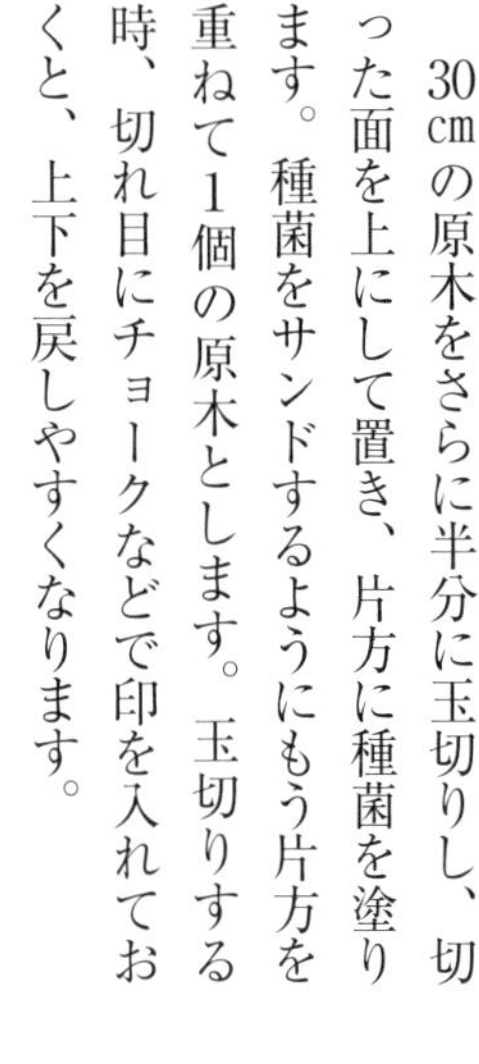

▼種菌を練って挟む

種菌、米ヌカ、オガ粉、水(1:1:3:3)を混ぜて練り合わせます。水分は手でやや強くにぎったとき、指の間から水が出てくる程度とします。

30㎝の原木をさらに半分に玉切りし、切った面を上にして置き、片方に種菌を塗ります。種菌をサンドするようにもう片方を重ねて1個の原木とします。玉切りする時、切れ目にチョークなどで印を入れておくと、上下を戻しやすくなります。

短木栽培1年目のナメコ(山形県最上総合支庁提供)

真室川キノコ山菜研究会のナメコ短木栽培（露地）

月	4	5	6	7	8	9	10	11	12
1年目	植菌した短木を重ねてホダ化（仮伏せ）	▼		短木を地面に立てる（本伏せ）●			出芽・収穫（2～3年毎年出る）	原木の伐採・玉切り	

ホダ木づくりの材料は種菌、米ヌカ、オガ粉、水、ガムテープ、ヒモ、使い捨て手袋（介護用）など。手袋は種菌を練る時、雑菌が入らないように使う。ホダ木づくりは雑菌との戦いだ

種菌とオガ粉、米ヌカ、水を練ったものを、15㎝に玉切りした原木で挟み、ガムテープとヒモで固定する

仮伏せ。固定したまま、積み重ねて寒冷紗をかけておく。場所は地面に湿り気があって、かつ水はけと風通しのよい山中。広葉樹林でもよいが、針葉樹林のほうが木陰が一定で、湿度も保たれるように感じる（A）

種菌を塗る際、面の外側にやや多めに盛るのがポイント。面を合わせた時にぴったり密着させるためです。

また印を合わせたら、種菌を挟んだ部分をガムテープでぐるぐる巻きにして雑菌が入らないように固定します。さらにヒモで上下を十文字に結ぶと安定し、運びやすくもなります。

▼林床に重ねて仮伏せ

普通の原木栽培のように、林床などに重ねて寒冷紗をかけて仮伏せとします。ナメコは、シイタケなどよりも湿度の多い所で発生しますので、湿り気がある、とくに朝霧などが出る場所を選ぶなど、十分に気を付けてください。

7月頃、ホダ木は木口に白い菌糸が出てきているようであれば、菌が回った証拠なので完成です。

▼本伏せは地面に接着

本伏せでは、ヒモをとって上下を外し、種菌の面が上になるよう地面に立てて置きます。土面を少し掘って、作業しやすい間隔で並

本伏せ。植菌した面を上にして地面に立てて置く。写真は2年目の様子。木口には白い菌糸が見える。場所は仮伏せと同じでよい。少し間隔をあけたほうが菌の生長が旺盛になるし、収穫作業もしやすい（A）

べ、土を戻して固定します。土跳ねしないように周りに落ち葉を敷くなど工夫してください。

あとは収穫を待つだけ。発生は、菌の種類によって違いますが、気温が10℃以下の日が続いてからです。

乾燥と水はけに注意

短木はホダ木が扱いやすく、菌回りも早くて収穫が早いことが利点です。雑菌の混入も比較的少ないように思われます。ホダ木は、秋に仕込むより、春（なるべくなら雑菌が少ない早い時期）に仕込んだほうが菌の回りがよいでしょう。

ただしホダ木の寿命は、普通の原木が5〜6年もつのに比べてずっと短く、2〜3年になってしまいます。

原木が短い分、乾燥もしやすいので、十分注意してください。逆に水分が多すぎてもよくないので、水はけが悪い場所は避けることです。このことが後々、ナメコの発生の良し悪しにつながるようです。

日頃より温湿度に気を配ってホダ木を覗いてあげれば、菌は順調に伸び、秋にはホダ場一面にナメコが発生する光景を目にできるでしょう。

普通の栽培より多少手間はかかりますが、道具をさほど必要としないので誰でも取り組めます。秋を楽しみに頑張りましょう。

（真室川キノコ山菜研究会）
現代農業2018年9月号

温暖地の直売所で目を引く
ご当地ナメコ

クヌギやアベマキ原木で豊作

山口県柳井市●日高正輝

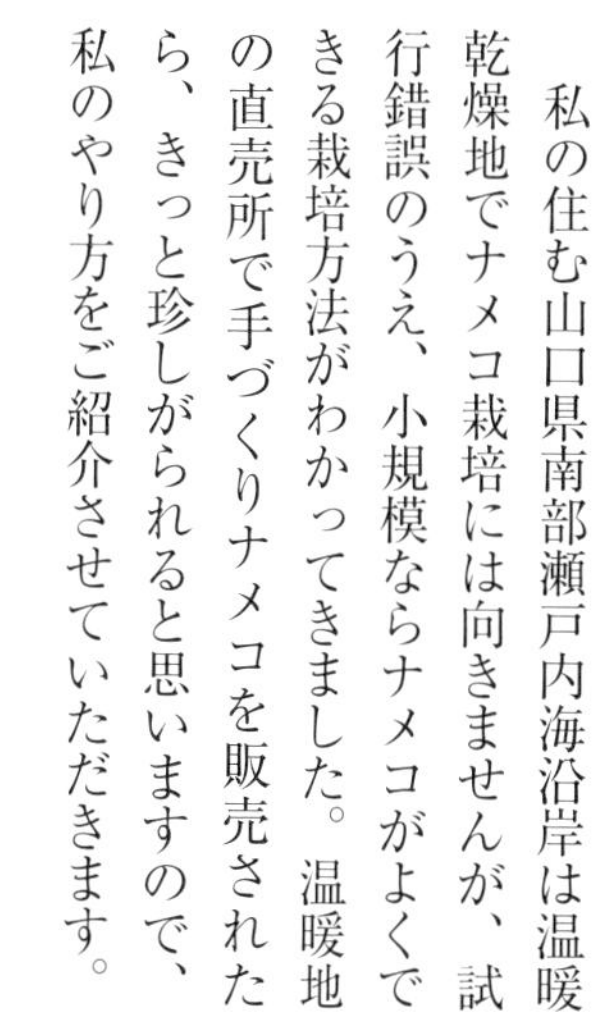

クヌギの原木から発生したナメコ

私の住む山口県南部瀬戸内海沿岸は温暖乾燥地でナメコ栽培には向きませんが、試行錯誤のうえ、小規模ならナメコがよくできる栽培方法がわかってきました。温暖地の直売所で手づくりナメコを販売されたら、きっと珍しがられると思いますので、私のやり方をご紹介させていただきます。

温暖地でも成功する栽培のコツ

①クヌギ・アベマキの太い部分を使う短木栽培

当地にはナメコ栽培にもっとも適したブナはありませんが、大木化したクヌギ・アベマキはたくさんあります。これらは薪炭用やシイタケの原木として利用されてきましたが、最近はあまり使われなくなり、とくに根元に近い太すぎる部分は、運搬に不便でもてあまされています。

じつはこのクヌギ・アベマキの太い部分（シイタケ原木のあまり）がナメコ短木栽培に活用できます。ナメコ菌はシイタケ菌と違い「生」に近い木を好みます。伐採後数カ月経ったクヌギ・アベマキの太い部分は「生」の部分が残っていてちょうどよいのです。

②種菌にサクラのオガクズを混ぜる

クヌギ・アベマキはナメコのホダ木としては不適とされていますが、サクラの原木にはナメコ菌はよく活着します。そこで短木の間に挟むオガクズ菌に、クヌギ・アベマキのノコクズとともにサクラのノコクズも混ぜてやります。

ナメコの栽培暦（一般的な方法と筆者の方法の比較）

月	11	12	1	2	3	4	5	6	7	8	9	10	11	12
一般的な短木栽培		伐採												
			玉切り、植菌											
			仮伏せ						本伏せ			発生		
筆者の栽培		伐採												
						玉切り、植菌								
						仮伏せ				8月まで仮伏せ	本伏せ			発生

※4月以降に植菌する場合は、種菌を早めに購入して冷蔵庫に保存しておく（4月以降はナメコ種菌は販売していない）

③猛暑が過ぎる8月下旬まで仮伏せ

原木を15cm程度の長さにそろえる短木栽培の場合、一般的なナメコの栽培では、3月下旬頃までに植菌し、6月下旬~7月上旬まで仮伏せ（原木に菌糸を回らせるために、適温・適湿の環境で管理すること）し、その後湿度の高い所に本伏せします。しかし散水施設がない所に本伏せした場合、昨年のような夏の猛暑が続くと収穫は半減します。

私は、これまで2~4月のいろいろな時期に植菌し、6~8月のいろいろな時期に本伏せしてきましたが、4月上旬に植菌、8月下旬に本伏せした場合がもっとも豊作でした。当地のような温暖地でこれから夏の猛暑が予想される所では、4月に植菌し、7~8月は涼しい仮伏せ地で散水管理、九月本伏せと思い切ってずらしたほうがよいのではないかと思います。発生は3年目まで期待できます。

④本伏せは薄暗い谷間の竹やぶに

ホダ木の本伏せ場所に散水装置がなくても、環境を選べばよく発生します。私はいろいろな場所に本伏せしていますが、もっともよい所は、昔狭い谷間の田んぼだった薄暗い竹やぶの中です。わき水が出ていてジメジメしていて、当地では比較的冷涼湿潤な場所です。

現代農業2011年4月号

ナメコ栽培の手順

筆者が工夫した点を中心に紹介。より詳しくは筆者のバイブル『家庭でできるキノコつくり』（農文協刊）をご覧ください

1 玉切り（4月上旬）

伐採したクヌギ、アベマキの幹に線を縦に1本引き、90cm前後の長さに切断

※線は植菌のあとに上下の切断面をきっちり合わせるときの目印（断面がずれて空気が入るとキノコ菌が繁殖しにくい）。チョークでは消えてしまうので面倒でもペンキを使う

端から15cmごとに横に線を引いて、その線にそって切断。上下2つ1組にしておく

※丸ノコですべての線の上にぐるりと深い切れ目を入れてから（写真の状態。芯は残す）、一気に芯を切断していくと切り口がゆがみにくく、最後の1個も切りやすい

※切断のときに出たオガクズは粗めのフルイにかけて皮や木片を取り除き保存しておく

❸ 仮伏せ（4～8月）

庭の隅など日陰で散水に都合のよい所を選び、川砂のような清潔で水はけのいい土で少し地面を高くする。ここに植菌した原木を並べ（写真）、コモをかぶせる。5日後からシャワー状の水をコモの上から毎日かけて、木全体が湿っている状態を保つ

※アリなど虫が接着部につくときはガムテープをぐるっと張って防ぐ

❷ 植菌（4月上旬）

サクラや原木のノコクズ、米ヌカ、ナメコ種菌に水を混ぜ合わせた生地を、2つの短木の間に厚さ1㎝に挟み込む（写真）。そのあとペンキの印を合わせ、2本のポリエチレンロープで上下をしっかり結ぶ

不要なサクラの枝の太い部分を丸ノコで削って、ノコクズをたくさんつくっておく（ナメコ菌はサクラの木を好む）

❹ 本伏せ（8月下旬～）

薄暗い竹林など、いつもジメジメして涼しい場所にホダ木（菌が活着した原木）を運ぶ。上下のホダ木を外して、接着面を上に 10 ～ 15㎝離して半分土の中に埋める

※ホダ木の上はススキのコモやスギの葉などで覆い、湿度を保つ（スギの枝葉は雨風をよく通し、耐水性もあるので覆いに向く）

コモはススキで手づくり

ススキは水をよく通し、通気性、耐水性にすぐれている。イナワラは腐敗しやすく通気性も悪いので不向き

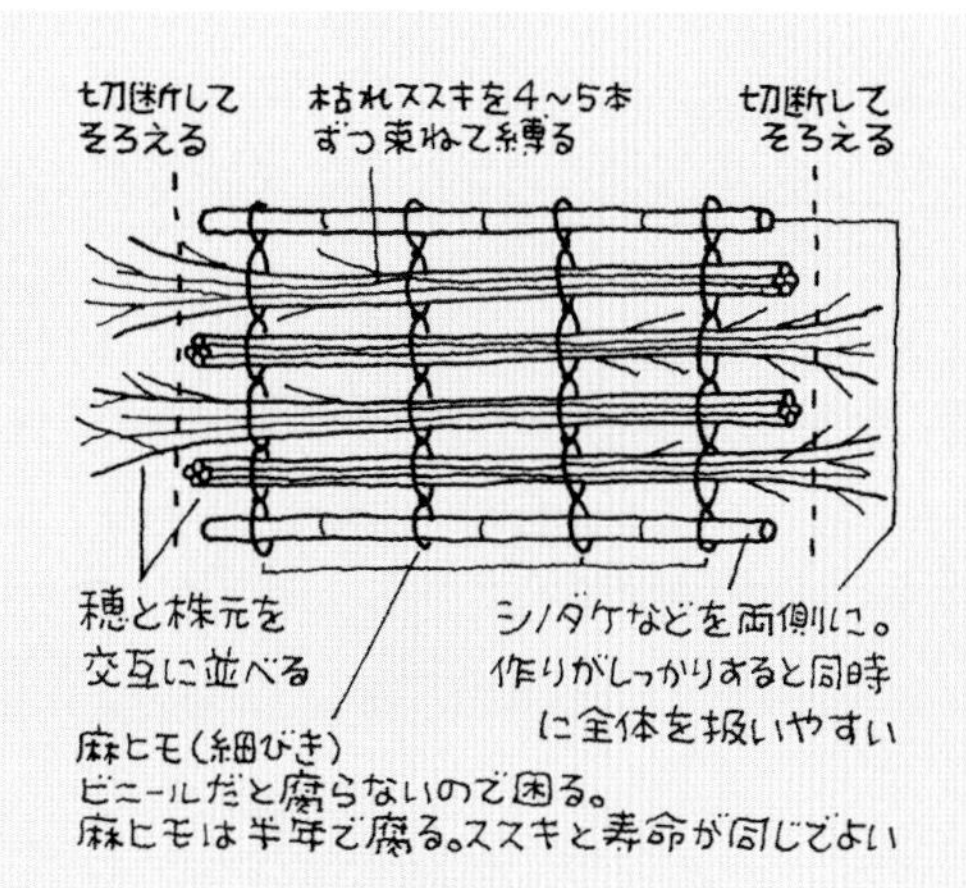

切断してそろえる
枯れススキを4～5本ずつ束ねて縛る
切断してそろえる
穂と株元を交互に並べる
シノダケなどを両側に。作りがしっかりすると同時に全体を扱いやすい
麻ヒモ（細びき）
ビニールだと腐らないので困る。
麻ヒモは半年で腐る。ススキと寿命が同じでよい

玉切りも移動も不要の「長木法」

キノコの長木法の利点

伐り倒した木にそのまま植菌

長野県筑北村●滝沢久雄

直売所でキノコを販売する長野県筑北村の滝沢さんが「絶対おすすめ」と太鼓判を押すキノコ栽培法が「長木法」。伐り倒した木を持ち出さず、長いままその場で植菌するという、じつに簡単な方法だ。滝沢さんの場合、倒した木の枝も、植菌作業の邪魔になる枝以外は落とさずそのままだ。

「玉切り不要でチェンソーの燃料代も安くてすむし、木が長いからか、急激な乾燥や多湿などがなくて、いいキノコがとれますよ」

ただし木の下側に種駒を打てないので菌の回りが遅く、キノコの発生は遅れがち。本格的な収穫は3年目からだが、収穫年数は変わらないので、毎年植菌していれば普通栽培と変わらない。

さて欠点は収穫のための山の登り下りに時間がかかるということ。しかしそこは滝沢さん、「いい運動になります」。

その長木法のやり方を紹介してもらった。

伐り倒した木の運搬が大変なのだ

皆さんは木を伐り倒してからキノコを植菌するまで、どんなやり方をしているだろうか。

キノコの栽培手順には、伐採、枝切り、玉切り、植菌、仮伏せ、本伏せとあるが、伐採した木を伏せ込み場所に移動させることが最大の労力となっているのではないだろうか。重機でもあればよいが、私のような零細農家ではキノコにそれほど労力をかけられない。しかも、私の家ではキノコの栽培に向くような雑木は条件の悪い北側斜面にしか生えていない。条件のよい南向きの山はたいてい針葉樹の山なのだ。そんな傾斜角度30度になろうかという山で、重い木をかついで下りるなんて不可能に近い。

伐り倒したその場でキノコをとる

そこで思いついたのが長木法。大貫敬二著『家庭でできるキノコつくり』（農文協刊）に、「木を伐り倒して長いまま2カ月

伐り倒した長木（写真はコナラ）を使い、その場で植菌してキノコを栽培する

前後乾かし、枝をはらって植菌し、その場で栽培する方法」とある（下図）。キノコを木を伐り倒した場所で栽培するのだ。伐採した木を伏せ込み場所まで運ぶのは重くて大変だが、種駒を持って山を登るのはそれほど苦にならない。長木法はなにより省力的だ。

「長木法」の利点

私のみた長木法の利点をあげると、

①木を短く切らないから、チェンソーの燃料代が安くてすむ。

②短い木に比べて木がゴロゴロと動かないので、種駒を打ちやすい。

③種駒が半分ですむ（打ちたくても木の下側には打てない）。

④切り口が少ないから雑菌に侵されることは少ない気がする。

⑤急激な乾燥などがなく、大型のキノコがとれる気がする。

「長木法」の欠点

もちろん欠点もある。

①キノコとりにかなり山の上まで登らないといけない。

②木の下側に種駒を打てないので、キノコの菌が回るのに時間がかかり、発生が遅れることがある（普通、春に植菌すれば

キノコの長木栽培

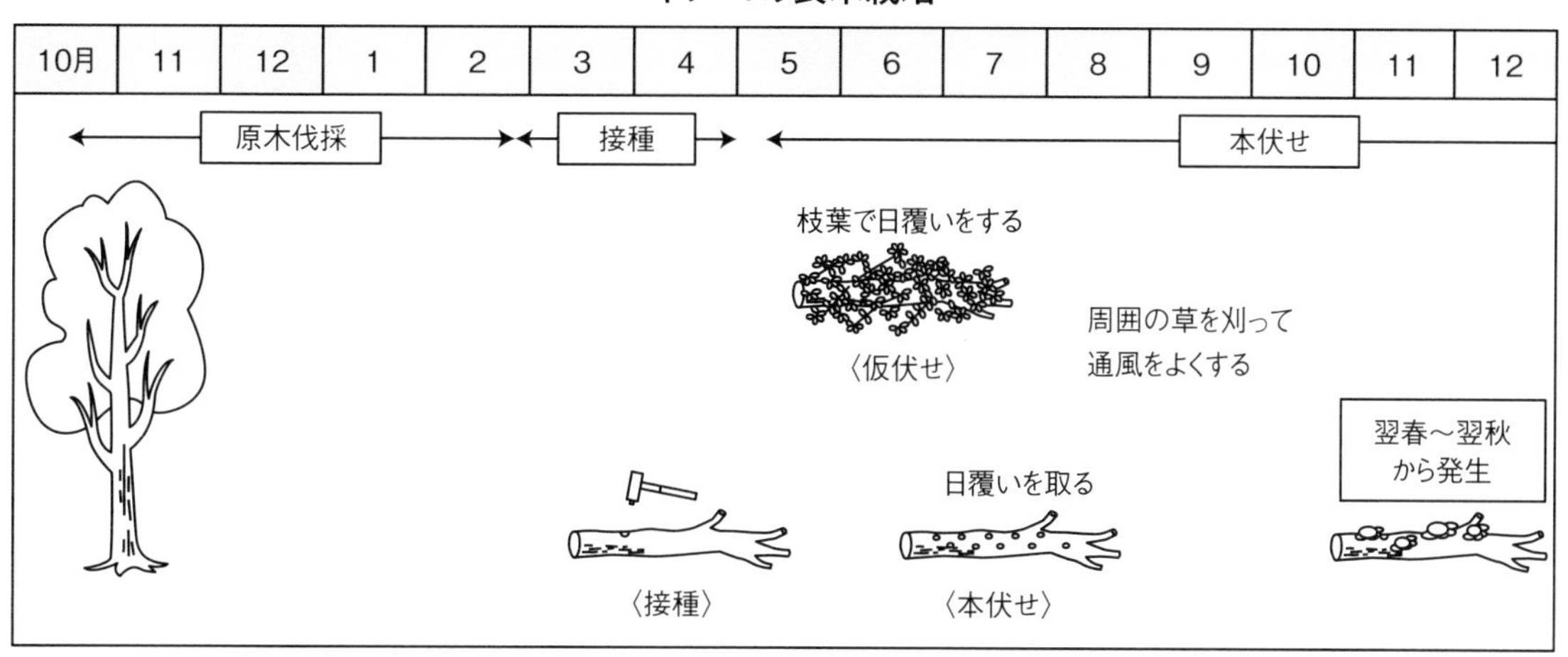

滝沢さんは、コナラの木などにナメコ、シイタケ、ヒラタケを植菌

翌年秋に発生するのが2〜3年後の秋に)。

③キノコの菌が回るのが遅いと、雑菌が入ることもある。

④自然任せなのでキノコの発生に適した場所でなければできない。

とくに私の場合、とったキノコを直売所に出荷しているので、発生場所が山の上のほうだと上り下りに時間がかかり、出荷がお昼になってしまうことがある。

枝をはらうのもやめた

私は以前は、本に書いてあるとおり、冬に伐り倒した長木を春に枝をはらって植菌していた。だが、これだとただでさえ忙しい4月、駒を打ち込むまでに枝の片づけの手間がかかる。

田んぼの苗代の準備、タネ播きなどやることが山ほどあるときに、時間のかかる仕事は気がせくだけだ。それに、斜面だから、枝をはらうと重みで木がずり落ちて幹に傷がつく。するとそこから雑菌が侵入してどうしようもない状態になる。駒を打ち込むときも振動でやはり木がずり落ちる。とくに直径30cmになろうかという巨木の下側で作業する場合は、それだけで命にかかわる危険な作業となるのだ。

そこで私は今年から、枝を付けたまま植菌すればよいのだと気づいた。そうすれば、木がずり落ちることもないし、枝の片づけは農繁期を過ぎた夏にでもやればよい。ただ、駒を打つのにじゃまとなる枝だけはノコギリで落としたほうがよいかもしれない。また、枝を付けたままにすると葉の蒸散によって長木が乾きやすくなるので、とくにシイタケの場合の植菌によいかもしれない。

いずれにしても、長木法はもっとも野生に近い栽培方法であり、手間と暇のない人には有望な方法ではないかと思う。

現代農業2010年9月号

ナメコ(大貫菌蕈提供)

本気のキノコでどーんと稼ぐ

菌床から発生した「越前カンタケ」。傘の大きさ5 ～ 7㎝程度が収穫の目安

育苗ハウスや家庭のプランターで無加温栽培

冬の美味　越前カンタケ

福井県庁森づくり課●柴田 諭

菌床は縦14×横22×高さ15㎝、重さ2.5kg。1つの菌床から1年目は約500g、保存状態によっては2年目もその半分くらいが収穫できる

冬にとれるヒラタケの一種

越前カンタケは、福井県総合グリーンセンターと福井県池田町が共同開発し、品種登録したヒラタケの一種です。「カンタケ（寒茸）」の名前のとおり、12～3月の冬期間に発生するキノコです。

豊かな自然に囲まれ、林業の盛んな池田町で採取された野生のヒラタケから、味や食感、形質のよいものを選抜し、平成4年に誕生しました。

県内では冬期間に使用していないビニールハウス（イネ育苗用ハウスなど）を利用

した生産から、一般家庭向けのプランター栽培まで、いろいろな方法で生産されています。

低温で発生、冬の間に3回収穫

越前カンタケは、菌床から発生するキノコです。低温に強い性質があるため、暖房を使用する必要がありません。最低気温が8℃前後に下がると発生が始まり、収穫後は約30日周期で繰り返し発生します。気温が高くなる3月頃まで約3回の収穫ができます。

越前カンタケは一般的に流通しているヒラタケと比べて軸が長くて太いことが特徴です。旨み成分のアラニンを含み、ビタミンCや鉄分をヒラタケよりも多く含んでいます。香りや口当たりがよく、炊き込みご飯や鍋、天ぷらにして食べるのがおすすめです。

ビニールハウス内に寒冷紗を設置し、明るさを調整する

菌床の高さ分の土を掘り、密着するよう並べて伏せ込む。不織布シートを敷いて乾燥や汚れを防止

栽培期間中の最適条件

項目		最適条件	備考
温度	発生	5～10℃	キノコが凍ると生長が大きく阻害される
	育成	8～12℃	
湿度	発生	90%以上	育成中の湿度が高いと水キノコの原因になる 菌床を手で触ってしっとりと感じる程度が目安
	育成	80～90%	
	養生	70%	
光	育成	150～250ルクス (読書が可能な明るさ)	明るすぎると足の短いキノコに 暗すぎると傘の小さいキノコになる

発生：キノコが生え出すこと
育成：キノコ発生後、生育していく期間
養生：キノコ収穫後から次のキノコが発生するまでの菌糸生長期間
水キノコ：水分過多のキノコで傷みやすい。傘の表面が湿っているので容易に判別できる

生育時期には新鮮な空気が必要。新鮮な空気がないと傘が大きくならず、茎の長い軟弱なキノコとなる

ビニールハウスでの栽培方法

菌床の伏せ込み

時期は11月上旬までに。菌床の高さ程度(15㎝)土を掘り、地面と同じ高さで菌床を伏せ込みます。菌床の下にはイナワラなどを敷いて過度の乾燥を防ぎます。最近では、菌床が土で汚れないように不織布シートを利用する例が多くみられます。

菌床同士を密着させるように伏せ込むと、菌床上面のみからキノコが発生するため、形が安定します。伏せ込んだ菌床の端にはハウスの土や鹿沼土で土寄せして、十分にかん水します。

ハウスの管理

キノコを上手に発生させるためには、温度、湿度、空気、水の管理が重要です。発生から育成の最適条件の目安を上の表に示します。

直接日光が当たると熱で菌床が乾きます。また、光が強すぎるとキノコの足が短くなるため、寒冷紗を利用して調整しま

県内全域で開かれる「越前カンタケ教室」。小学校や公民館で越前カンタケの栽培方法を学ぶ

プランターの底に新聞紙を敷き、鹿沼土を入れ、菌床を埋め込めば、プランターでも次々収穫できる。福井県内では一般家庭でも人気上昇中

越前カンタケの炊き込みご飯。香りや歯切れがよく旨みが強いキノコで、加熱調理してもプリッとした食感を楽しめる

1パック150g程度で、直売所やスーパー等にて販売。ひと冬で1菌床あたり750円くらいの売り上げを見込む

す。遮光率70％の寒冷紗を2枚掛けするなどして、ハウス内を150～250ルクス程度（読書ができる程度）の明るさにします。

散水は菌床の乾燥具合にもよりますが、毎日～1日おきに行ないます。菌床を手で触って、しっとりと感じる程度が目安です。

次年度も収穫するために

発生時期が過ぎた菌床は、適正な管理により、次年度の栽培に利用できます。ゴミやカビなどを洗い流し、最初に菌床が入っていた袋に入れ、風通しのよい涼しい場所に段ボールの中で保管します。多少の空気が入るよう、袋の口を調整するのがコツです。

翌年、時期が来たらもう一度伏せ込むと、250～300gと初年度の半分程度のキノコが発生します。1年目のものに比べ、多少キノコの発生が早いようです。

福井県のブランドキノコに

福井県内では農林業者が冬期間の副収入として栽培し、市場や直売所で販売しているほか、各家庭でも自作、自家消費されています。県内全体で1万5000菌床、約7tが生産されており、各地域の森林組合が菌床の注文を受け付けています。県では福井県のブランドキノコとして越前カンタケの生産と消費の拡大を目指し、普及、推進活動を続けています。

一部地域では生産者と市場がタッグを組み、消費者に好まれる商品づくりの一環としてパッケージの開発に取り組んだり、学校給食向けに発生時期の調整を試みたりと、さまざまな取り組みが実施されています。

越前カンタケの菌床は受注生産となっており、毎年5月から6月にかけて注文を受け付けています。

販売価格は1菌床当たり450円（送料別・6個単位での販売）です。注文に関する問い合わせは福井県森林組合連合会（TEL 0776－38－0344）まで。

福井生まれのおいしいキノコを栽培してみませんか。

現代農業2017年11月号

生産コストが安く、従来品種より多収できる大雪華の舞1号

安いカラマツでつくれて
健康にもいい

マイタケ品種 大雪華の舞1号

北海道立総合研究機構林産試験場
●津田真由美

カラマツのオガクズを3割混ぜても大丈夫

マイタケは一般的に広葉樹のオガクズを好むことから、北海道内のマイタケ生産では、カンバ類のオガクズが培地基材として使用されています。しかし、近年は良質なカンバのオガクズの入手が難しく、価格も高騰していることから、生産コストの上昇がマイタケ生産者の負担となっていました。

そこで、林産試験場では北海道の代表的な造林樹種であり、安価で入手しやすいカラマツのオガクズを使用して栽培できるマイタケ新品種の開発を行ない、平成20年に大雪華の舞1号を品種登録しました。

従来品種はカラマツのオガクズを使用して栽培すると、カサの開きが不十分で収量が低下します。しかし、大雪華の舞1号はカンバ類のオガクズの3割程度までカラマツのオガクズを混合しても外観や収量に影響がありません。

従来品種より収量も多く、コストも減らせる

本品種の最適菌糸生長温度は24度、子実体の最適発生温度は15～20度であり、温度管理は従来品種に比べ、比較的低温域になります。

空調施設における袋栽培の場合、温度22度、相対湿度70％の暗条件下で48～55日間培養し、菌床表面に黒色のイボ状の原基が形成された時点で、温度18度、相対湿度90％、照度約350ルクスの生育室に移動します。原基が生育するのに伴い、栽培袋を徐々に開いて外気に順化させ、生育を促します。

本品種は従来品種に比べ、栽培日数は数日長いですが、1菌床の収量が多いことから、生産効率は培地基材にかかわらず、従来品種を上回りました（次ページの表）。高価なカンバに換えて安価なカラマツを使用できるだけでなく、このように収量も多いため、生産コストを削減できる利点があります。

さらに、栄養材としてフスマとおからを利用すると、収量が優れ、ダイズの皮を使用すると、旨み成分を増やすことも可能です。

腸内の善玉菌が増えて悪玉菌が減る

林産試験場では、大雪華の舞1号の付加価値の向上を目指し、その健康機能性を明らかにしています。

これまでに、動物実験では腸内の善玉菌を増やし、悪玉菌を減少させる腸内環境改

善効果が明らかになりました。さらに、ヒトの臨床試験では、インフルエンザワクチンの効果を増強する作用や風邪の症状を軽減する効果のほか、血中の悪玉コレステロールを低下させる抗動脈硬化作用を実証しています。これらの健康機能性には、マイタケの食物繊維であるβーグルカンなどの成分が関与していると考えられます。大雪華の舞1号は従来品種よりβーグルカンが多く含まれています。

マイタケの収量と生産効率の比較
（空調施設における2.5kg袋栽培の場合）

品種（培地基材）	栽培日数（日）[1]	マイタケ収量（g）	生産効率[2]
従来品種（カンバ）	66.1	706.5	10.7
大雪華の舞1号（カンバ）	69.0	764.6	11.1
大雪華の舞1号（カンバ7割、カラマツ３割）	68.1	797.3	11.7

1）種菌接種から収穫までの日数
2）栽培日数当たりの1菌床の収量（g）（マイタケ収量／栽培日数）

カンバ（広葉樹）のオガクズの３割までカラマツ（針葉樹）を混合しても、大雪華の舞1号は従来品種に比べ、収量と生産効率が高い

シャキシャキした歯ごたえが人気

大雪華の舞1号は、従来品種に比べ大きく厚いカサが特長です。一般の方を対象とした試食会では、シャキシャキとした歯ごたえが大変好評でした。マイタケは、和洋中問わずさまざまな料理に合う食材ですが、なかでも歯ごたえや風味と香りが楽しめる天ぷら、バター炒めがおすすめです。

袋栽培の様子

現在、大雪華の舞1号は北海道内の企業で生産されており、道内のほか、首都圏でも徐々に販売を広げています。今後は、加工食品や機能性食品としての利用も進めていきたいと考えています。

大雪華の舞1号の栽培を希望する生産者は、ご契約いただくことにより、種菌の利用が可能となります。左記までお問い合わせください。

菌床を培養し始めると、マイタケの菌糸が培地全体に蔓延し、全体が白くなる

北海道立総合研究機構・林産試験場利用部微生物グループ
TEL ０１６６－７５－４２３３（内線５２０）

現代農業２０１７年２月号

直売所に出すたび売り切れ

大きくて、歯ごたえ、旨み抜群の三色エノキ

広島県安芸高田市●中川信夫さん

商品名は左から「黄になるキノコ」（黄）、「元気エノキ」（茶）、ジャンボエノキ（白）

上の三色のキノコ、じつはこれ全部エノキ（エノキタケ）なのだ。普段スーパーで見かける白くてヒョロっとした姿からは想像できない見た目だ。

この3種のエノキをつくっているのが、中川信夫さん、喜代さん夫婦。地元の直売所「ふれあいたかた産直市」では出すたびに売り切れるほどの人気。見た目が変わっているからだけではなくて「旨みと香りが全然違う」「サクサクして食べ応えがある」などと、おいしさが人気の秘密のようだ。

規格を完全無視したジャンボエノキ

中川さんがまず商品化したのが、白くて極太のジャンボエノキだ。

20年前、中川さんは新規参入で仲間とエノキ工場を建設。当初からの悩みが、エノキが大きくなりすぎて規格外が大量にできてしまうことだった。

エノキタケはもともと晩秋から冬に生えるキノコ。キノコを生長させる部屋は5～7度という低温にしてジワジワと揃った生育をさせる。だが中川さんの工場は空調が弱く、温度が下がるのに時間がかかるため、キノコがすぐに大きくなってばらつきも多かった。

規格外品は従業員さんにあげたり直売所で販売していたのだが、意外にも評判がいい。聞くと「大きいほうがおいしい」という。食べてみると確かにサクサクとした食感で食べ応えがある。足（軸）が歯にはさまらないのもいい。

「大きいものをつくるのが得意じゃけえ、大きいエノキで勝負してみよう」と中川さんは開き直った。既存の規格からは完全にはみ出てしまうが、なるべく大きく育てて、株ごとパッケージして販売してみた（普通のエノキは100gずつ切り分け

中川信夫さんと妻の喜代さん（幸輝産業は会社名）。冬の需要期は1日に300株のエノキを出荷

る）。「こんなエノキ売れるか」と最初は市場でさんざんな評価だったが、地元の直売所を中心に少しずつファンが増えていった。

突如庭に現われたチョコレート色のエノキ

中川さんは昔、長崎のキノコ農家を訪ねたときに「菌は自分でつくらんとだめだよ。遠いところから種菌を買っても自分の土地には合わない」と聞いた。確かに、長野の大手種菌メーカーの種菌では、いくら気を使って栽培しても病気になりやすく、生育の悪い株が多かった。自分の土地に合った菌があればなあ、と憧れた。

ある日、庭のイチジクの木にチョコレート色のキノコが生えているのを発見。なんとそれはエノキだった。庭に捨てていたエノキの軸から菌が広がり、イチジクの木に居座ってキノコをつくったようだ。「そもそも白いエノキは突然変異種なんです。うちの庭に住んでるうちに、本来の姿に先祖返りしたんじゃろうと思います」

試しに採って食べてみると「おいしい！」今までの白いエノキにはない旨みや香り、歯ごたえ。これぞ本物のエノキだと思った。中川さんはこれを殖やしてやろうと決意。庭に生えたエノキから組織をとって培養を始めた。

エノキの生育室。普通は薄暗いが、中川さんは長い蛍光灯を部屋の両端に1本ずつ吊るして部屋全体を明るくしている

そうしてつくった種菌でエノキを栽培してみると、今までのエノキに比べて格段につくりやすかった。温度・湿度の急な変化に強く、病気も少なくて収量も多い。しかも菌の増殖や発生のスピードが早い。わが家に合った菌をついに手に入れたのだ。

その後、白いエノキのビンの底から、黄金色のエノキが生えているのを発見。軸が黒くてとてもおいしいエノキだったので、これも培養して「黄になるキノコ」として商品化した。

大きくおいしくつくる栽培法

三色のエノキの栽培方法は、ほぼ共通。傘が大きく足が太くて「おいしい」エノキをつくるためのおもなポイントは以下のとおり。

①芽出しのときに加水しない

エノキの菌床栽培では、培地を入れたビン（菌床）に種菌を植菌・培養し、湿度の高い部屋に置いてキノコの芽を発生させる「芽出し」という作業を行なう。このときに培地の表面に水を加えて発芽を促進するところが多いのだが、中川さんは加水をしない。代わりに、ビンの上下をひっくり返して口を下に向け、培地の表面の乾燥を防ぐ。

「加水すると1つのビンで1200個くらい芽が出ます。でも生長するうちに淘汰されて、最終的には300個くらいしか残らない。これじゃあ淘汰される芽の発芽エネルギーがもったいないでしょう。加水しないと芽数は少ないので、最初に出た芽に栄養が送られて1本1本がしっかり育ちます」

②紙巻きをしない

「紙巻き」はエノキタケ独特の工程だ。キノコが4㎝くらいに伸びたころ、ビンの口の回りに特殊な紙を巻く。するとキノコが呼吸で出す二酸化炭素がビンの口にたまって傘の生育が抑制され、足がヒョロっと細長く伸びる。だが手作業で1つずつ紙を巻くのは重労働だし、酸欠でうまく育たない株も多い。中川さんは紙巻きをやめ、足の太いずんぐりとしたエノキに育てている。

③光を強くしてゆっくり育てる

光が強いとキノコの伸びが抑えられるので、小さい蛍光灯1本くらいの弱めの光のなかで生産する人が多い。だが中川さんは、ひと部屋に長い蛍光灯を2本入れて、24時間光を当てる。時間をかけて育ったほうが中身が充実しておいしくなるからだ。

④酸素を多めに入れる

キノコは呼吸するので酸欠を防ぐために換気が不可欠だが、換気時間が長いと室内の温度が上がり空調コストが高くつく。それでも中川さんは換気を長めにして酸素を十分に与え、キノコをがっちり育てる（空調は強くする）。

⑤オガクズ培地にこだわる

菌床栽培ではコーンコブ主体の配合培地を使うところがほとんど。だが中川さんはオガクズ菌床にこだわる。

「配合培地は栄養たっぷりで収量は多いけど、オガクズ栽培に比べて味がないし日持ちも悪い。オガクズ培地のほうが絶対味はいいです」

中川さんは菌床に「ライフライト」という木質原料を高温でやいた資材も添加する。太い菌糸になって生育が安定し、甘みのあるエノキになるという。

輸送に向かないから 地元の直売所限定

中川さんのエノキの唯一の欠点は、輸送に向かないこと。大きく横に広がった株なので、普通のエノキが60個入るダンボールに中川さんのエノキは12個しか入らない。宅配便で出荷すると、運賃込みで1パック600円になってしまう。さすがにこの値段では売れないので、販売は車で持っていける直売所など数カ所に限定している。

「はじめは色のついたエノキなんて気持ち悪いと敬遠されてたんですけど、今では黄色とチョコレート色のほうから先に売れていくんです。だんだん皆さん、うちのエノキのおいしさをわかってきてくれました」

本物のエノキの味を、もっとたくさんの人に知ってもらいたいと思っている中川さんである。

現代農業2012年8月号

中川さんのエノキタケ菌の培養方法

❶

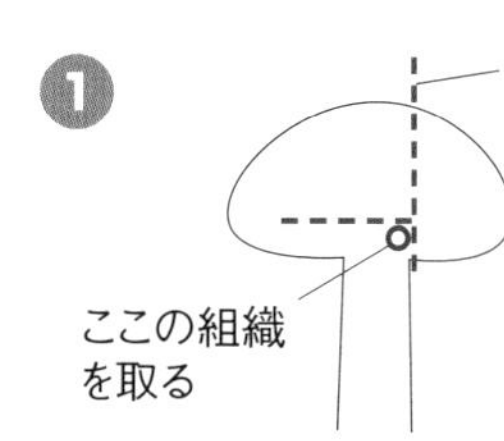

エノキの傘をカミソリで切って、傘の芯の部分をむき出しにする

❷

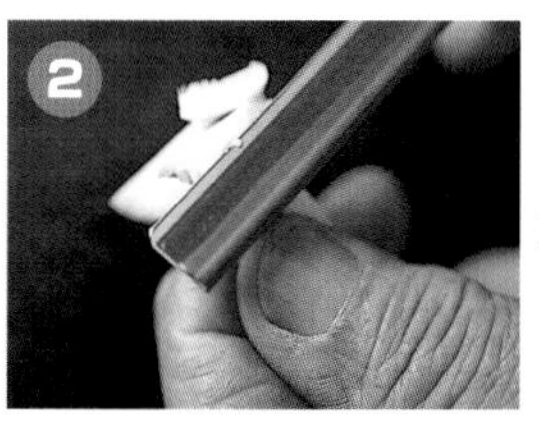

カミソリでほんの少しだけ芯の組織を切り取る

❸

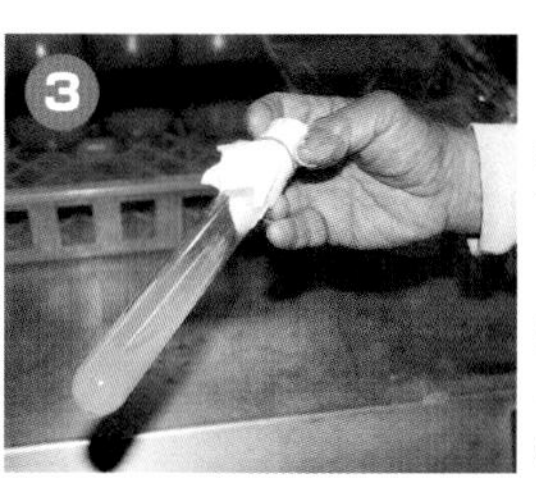

殺菌灯を入れた無菌室内で、ブドウ糖・寒天・ライフライト・ミネラル豊富な地下水などを混合した培地を試験管につくっておき、②の組織を培地に入れる

❹

エノキ菌床の培養室内で試験管を保管。白い菌糸が試験管内に広がったら、菌糸を通常のオガクズ培地を入れたビンに接種して拡大培養する

サイズは10倍! 旨みもたっぷり
1個3000円で売れる

ジャンボマッシュルーム

山形県舟形町●長澤光芳さん

「超スーパージャンボマッシュルーム」を持つ長澤さん

ひっくり返すとヒダが黒くなっている。サイズに関係なく、ヒダが黒いのは胞子を抱いて成熟したから。味が濃厚でおいしい証拠(写真はすべて赤松富仁撮影)

目指すのは世界一安全で おいしいマッシュルーム

「㈲舟形マッシュルーム」は、最上川の支流、小国川の流域でマッシュルームを生産する。馬の敷料や大豆粕、コーヒー粕などの未利用資源を培地に使い、農薬不使用で栽培。水は小国川の伏流水を用いて、世界一安全でおいしいマッシュルームを目指している。

代表の長澤光芳さんが強調するのは、マッシュルームの知られざる魅力だ。たとえばマッシュルームは、生で食べられるほぼ唯一のキノコで、生のままサラダなどに入れてもおいしい。切り口の変色はレモン汁をかけると防げる。

また、普段スーパーで見かけるマッシュルームは直径数cmサイズだが、本当はもっともっと大きくなる。舟形マッシュルームで商品化したのは写真の「超スーパージャンボマッシュルーム」。直径は13〜15cm、通常のなんと10倍サイズだ。

ぶつからないよう間引く

ジャンボマッシュルームは特別な

県外の馬厩舎から入手したイナワラの敷料。これをベースに大豆粕、コーヒー粕、石膏を加えて殺菌・発酵。その後海外から仕入れた種菌を植菌して培地をつくる

培地にピートモスで覆土すると、菌糸への刺激となってキノコが出てくる

長澤さんのマッシュルーム栽培

2週間	3週間	3週間
植菌　培養 → 覆土	→	収穫

普通は1カ月以上収穫するが、舟形マッシュルームでは無農薬で栽培するため3週間に留めている

大きめのキノコには目印の付箋をつけておき、周囲のキノコを間引き収穫して、巨大サイズに育てる

品種を使用しているわけではなく、条件さえ整えれば、どのマッシュルームでも大きくなる力がある。コツは培地上で、子実体同士がぶつからないようにすること。ぶつかるとストレスを感じて、それ以上大きくならないそうだ。

長澤さんは、キノコが生長してサイズにバラつきが見え始めたら、大きめのものに目星をつけておく。周りのキノコを間引き収穫してスペースをつくっておけば、そこからおよそ10日で15cm大になる。ものによっては、30cm近くになるものもあるという。

ジャンボマッシュルームは繊維質が強く、歯ごたえが増し、味も濃厚だ。料理の新しいメイン食材として、シェフたちに喜ばれているそうだ。

現代農業２０１８年９月号

敷地内の直売所。「超スーパージャンボ」以外に「ジャンボ（右端）」「クレミニ（ジャンボの左隣）」など複数サイズを販売。「超スーパージャンボ」は1個3000円（税別）。ネット通販でも入手可能

ヒレステーキをスライスしたジャンボマッシュルームで巻いた。マッシュルームの旨み成分グアニル酸が、肉の旨み成分イノシン酸と組み合わさり、旨みが強くなる

ジャンボマッシュルームのしゃぶしゃぶ。そのままでも肉を巻いてもうまい（舟形マッシュルーム提供、左も）

巨大サイズと通常サイズのマッシュルーム

国産キクラゲが売れる！――安心な健康食材として大人気

インターネットでよく売れる

希少な原木キクラゲの栽培に成功

大分県豊後大野市●狩生裕志さん

ちょうど収穫時期を迎えたアラゲキクラゲ（植菌後2年経過）

狩生裕志さん（53歳）

前人未到のキクラゲ原木栽培

ラーメンのわき役としておなじみのキクラゲだが、じつは日本の消費量の98％は輸入。国内では一部の地域で菌床栽培が行なわれているだけだ。

そんななか、狩生裕志さんは3年前からキクラゲの本格的な原木栽培を始めた。日本では初めてのことらしい。

「日本には原木栽培の情報はまったくないですよ。手に入るのは中国語の文献くらい」という狩生さんだが、じつは中国語はお手の物。なんてったって名刺の肩書きは中国乾物食品貿易商社、株式会社ダイシイの社長だ。中国で生産されたキノコや野菜を現地の自社工場で乾物加工し、日本に輸出している。

図1　原木キクラゲの栽培スケジュール（狩生さんの場合）

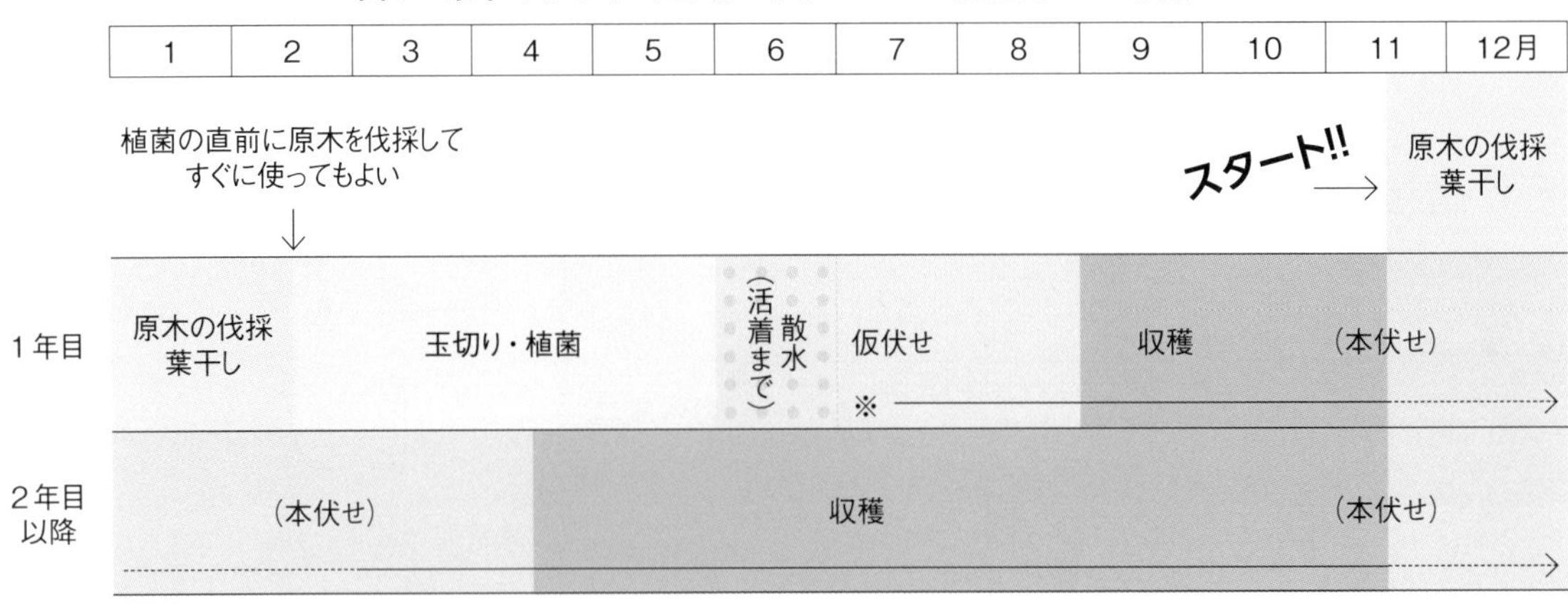

※この間にもほだ木が乾燥しない程度に散水する

狩生さんのキクラゲづくりはひょんなことから始まった。原木シイタケの大規模農家でもある狩生さんは、3年前さらに増産しようと150万個の種駒を植えるため大量の原木を用意していた。ところが植菌作業も半分以上が済んだ頃、こんなに打ったら収穫が手に負えなくなると気がついた。

何か他のキノコをやれないかと思案し始めたとき、ふと思い出したのがキクラゲだった。妻が長女を妊娠したとき、義母が体にいいからとキクラゲを食べるように勧めていた。調べてみればキクラゲはビタミンD、鉄分、カルシウムが豊富な優秀食材。とくにビタミンDの含有量はあらゆる食品群のなかで第1位。健康にいいキノコとして売れるかもしれない。

収穫が春から秋にかけての暖かい時期というのもいい。晩秋や春先に収穫するシイタケと作業が被らないのだ。しかも植菌した年からとれるという。狩生さんは、シイタケ用だった原木で急きょキクラゲを栽培することにした。

植菌したその年から収穫できた！

キクラゲにはいくつか種類があるが、狩生さんが栽培するのは温暖な気候を好むアラゲキクラゲ。肉厚でお椀のような形をしている。やや乾燥するとお椀の外側（キクラゲの表面）が白っぽく見えて、柔らかい毛が生えている。これが名前の由来になった「粗毛」だそうだ。

1年目はとにかくシイタケと同じ要領でやってみた。ただ、菌の特徴がわからなかったので種駒の数はシイタケの1・5～2倍に設定。原木にはシイタケ用だったハザコ（コナラ）を使い、サクラやアカメガシワなど広葉樹の雑木も少し加えた。打った種駒数は36万3000個。

キクラゲの作業はシイタケの合間にやっていたのでそんなにじっくりと観察する暇もなかった。だが残暑も和らいだ頃、何気なくホダ木を見てみると驚いたことにキクラゲが発生している。植菌した年に発生するという話は聞いていたが、収穫まで2～3年かかるシイタケを長年つくってきた狩生さんにはやはり信じられないことだった。「おー、出とるでー」と従業員と喜んだ。

皮が薄くて柔らかい木と相性がいい

2年目の春には、新たに25万個のキクラゲの種駒を打った。この年はちょっとした実験もした。数少ない日本の資料に、キクラゲは他のキノコに比べて原木に使える樹種が幅広いとあった。そこで狩生さん、雑木林のあらゆる種類の広葉樹を原木に使ってみた。

9月の初め、仮伏せの遮光ネットを外して中をのぞくと、前の年以上にキクラゲが発生している。でもよく見るとキクラゲがよく出る木とあまり出ない木がある。

よく出ていたのはアカメガシワ。皮が薄くて柔らかい木だ。「たぶん腐りやすくて菌がよく回るんだろうな」。これは狩生さんのお気に入りになった。

逆に出が悪かったのはシイタケ用原木のハザコ。浸水して刺激を与えてみても変化はなかった。「どうも皮が厚い木は出が悪いな。皮が薄いのとか細い木、そういうのはよく出る」というのが狩生さんの感触だ。

小口をたくさんとるのが収量アップのコツ

狩生さんはまた、原木の長さによってもキクラゲの発生量は変わると教えてくれた。シイタケの原木は1・1mを基本の長さにしている。キクラゲでもはじめはその長さで統一していたが、栽培してみるとキクラゲは小口（木の切り口）からも発生することがわかった。だったら原木を短く切って小口をたくさんつくればもっととれる。そう思って基本の長さを三等分した30cmくらいの短木をたくさんつくった。

「樹種や原木の形、散水方法、伏せ方、天候など、つくり方のバリエーションは無限ですよ」。年々、キクラゲづくりが楽しくなってきた狩生さん。打った合計60万個の種駒で、目指すは夢の4tどりだ。

狩生流、原木キクラゲ栽培法

狩生さんのキクラゲ原木栽培の方法はおおよそ次のとおり。

①伐採・乾燥―葉干しは不要かも？

スタートは11月から。まず木を伐採して葉干しする。葉干しは余分な水分を抜くために葉をつけた状態で木を倒しておくこと。キノコの種類によって期間は異なるが、狩生さんはキクラゲの場合1カ月としている。

ただ、この葉干し作業は省いてもいいのかもしれない。というのは、狩生さんは伐採してすぐの原木に植菌してもよいというのを中国の文献で見つけ実践したところ、キクラゲの発生に何ら変わりはなかったからだ。

1本の木を伐り倒すのが大変なら、枝打ちで出た小口径3cmほどの枝でもいい。細い分、早く菌が回って秋には大量のキクラゲを発生させる。

②玉切り・植菌―梅雨の前までに

玉切りと植菌は同時に行なう。狩生さんは1・1mの長さか、30cmほどの短木に切断した原木に、種駒の太さと長さに合わせた穴をドリルであける。

植菌数は長さ1・1mの原木を基準にして計算。狩生さんは「小口径×3～4」個を千鳥植えする。

キクラゲ菌は梅雨時期の高温多湿環境でよく活動するので、梅雨の直前には植菌を終えるのがベスト。散水の手間も省けて一石二鳥。もし降雨がない場合には散水して水分をたっぷり与えれば菌の活着は促せる。

③仮伏せ―1カ月は散水ばっちりと

仮伏せは種菌を原木に活着させるためにもっとも重要。植菌を終えた原木を棒伏せ

仮伏せして半年たったホダ木（伏せ方は棒伏せ）。小口に菌が活着したことを表わす菌糸紋や出始めのキクラゲが見える。細い木から太い木まであり、樹種もさまざま。雑木なら何でも使えるのがキクラゲの特徴だ

にし（横に寝かせて積み上げる）、遮光率75％のネットで覆う。その後、菌が活着するまでは頻繁に散水作業を行なう。キクラゲの適当な散水期間というのはまだわかっていないが、狩生さんは1カ月を目安にその年の天候によって調整しているそうだ。狩生さんは林道わきで仮伏せするが、散水施設がないので200ℓのタンクを軽トラに積んで会社と仮伏せ場を往復。

シイタケの場合、仮伏せをするのは菌が活着するまでで、その後は通風よく、適度な光が当たるように本伏せするのが基本だ。しかし、狩生さんのキクラゲ栽培では活着後も仮伏せの状態にしておく。シイタケと違って高温多湿を好むキクラゲはくっつき合っているほうがいいと思うからだ。

活着後もたまには散水して、ホダ木が乾きすぎないようにする。

④本伏せ—収穫前に散水

「キクラゲは気まぐれな自分に向いてます」と狩生さん。仮伏せ中の木をたまーに見てやって、キクラゲが発生していれば散水施設のある本伏せ場所に持っていく。活着後は基本的にはあまり散水しないので、キクラゲが仮伏せ場所でパリパリになってしまっているときもあるが、本伏せ場所で散水すればあっという間にゴムのようなプルンプルン状態に戻る。乾燥状態と潤った状態を繰り返しても大丈夫なのがキクラゲの扱いやすいところだ。

キクラゲを本伏せするときは、伏せたホダ木の片端を浮かせる「片枕」か木の両端を浮かせる「両枕」にする。どちらの伏せ方もホダ木が地面に近くなり、湿度が保てるので多湿を好むキクラゲ向き。だがスペースに余裕がないときはシイタケのように「ムカデ」や「鎧」などの組み方をして散水回数を増やしても問題はないそう。

散水施設のある本伏せ場。ホダ木の片側を浮かす「片枕」で伏せている。ほぼ丸1日散水してキクラゲを生長させる

図2　ホダ木の組み方

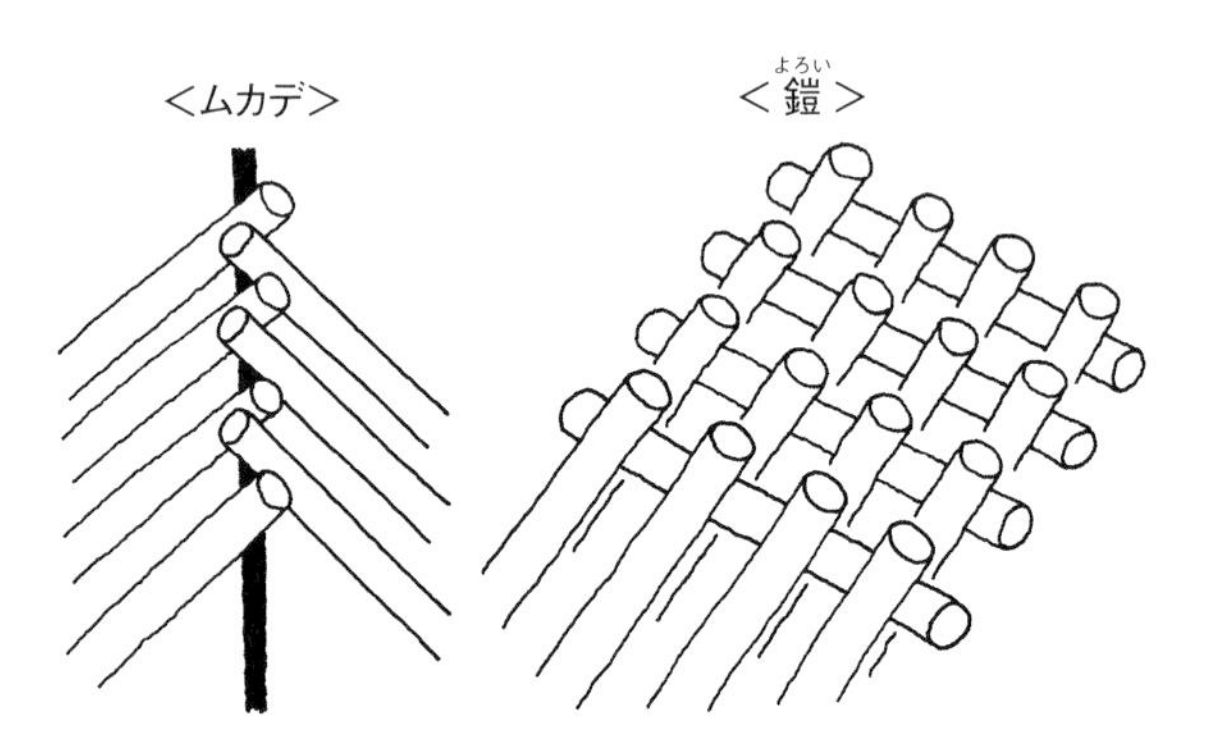

散水の翌日、ぷるぷるのゴム状になったキクラゲ。生食用なら3㎝くらいで収穫

１年目は初秋から発生し始め、寒くなると出なくなる。２年目以降は春から秋まで収穫が楽しめる。

冷凍・乾燥で販売、刺身もおすすめ

収穫後は木クズや泥を完全に落とすため、きれいな井戸水で3回くらい洗い、低温乾燥。狩生さんは天日干しにするか、温度10～20度、湿度50％に設定した乾燥機で干している。その後冷凍や冷蔵保存にするか、カラカラと音がするくらいまで乾燥を続けて干しキクラゲにする。

今のところ狩生さんが販売しているのは干しと冷凍のキクラゲ。全量インターネット販売だ（干しは100g3990円、冷凍は300g2100円）。だが本当は、国産だからこそ新鮮なうちに生で食べてほしい。今後はチルドでの生食用販売も考えていくそうだ。

狩生さんお勧めの食べ方はアラゲキクラゲの刺身。とりたてを井戸水で3回くらい洗い、熱湯にさっと通して生姜醤油かカボス醤油でいただく。コリコリぷりぷり感、その奥にあるネトッとした舌触りは生でないと味わえない。

このネトッというのはアラゲキクラゲ独特のものだ。アラゲキクラゲは袋状の構造をしていて、その内部は網目状の「メジュラ層」。アミノ酸が多く含まれている。

今年は仲間3人で出資して食品加工施設も立ち上げた。「これからは六次産業だよ。豊後大野は野菜が何でもつくれるところ。この地域の野菜とキクラゲを使った食品を開発して、新しい特産品をつくっていきたいんだ」。

夢がますます広がる狩生さんだ。

現代農業2011年11月号

白川郷きくらげ組合メンバー。左端が筆者。菌床は長細いタイプ

地場産キクラゲを世界遺産のお土産に

岐阜県白川村●間瀬 昭

5aのハウスで年間3000袋

世界遺産・白川郷のある白川村ですが、地場産のお土産品がありませんでした。そこで観光客にキクラゲを持ち帰ってもらおうと、2011年に組合を結成し、ビニールハウス（5a）での生産に取り組み始めました。キクラゲに決めた理由は、県内に種菌メーカーがあり菌床を容易に入手できること、乾燥すれば半年以上もつこと、ビニールハウスへの補助制度があったことなどです。

春、菌床約1500個を入荷し、芽を出させるための穴をあけて、立てて並べます。穴あけは専用の機械を使い、太めの釘のような針を深さ2㎝ほど菌床のあちこち

に打ち込んでいきます。

収穫期間は6月下旬～10月頃。シーズン中、1つの菌床から3～4回、年間1000kg収穫でき、乾燥させると100kgになります。1袋33g、年間約3000袋を販売しています。

遮光と湿度管理がポイント

栽培で気をつけていることは、遮光と湿度管理です。ハウスの天井は遮光シートで覆い、サイドは寒冷紗にして、少しは陽が入って風通しもよいようにしています。湿度については常に70%を目指して、自動散水機で1日1～2回、生長に応じて散水します。水は良質な山水を引いています。

キクラゲは栽培の手間が比較的少なく、導入しやすい作目です。これからは生での出荷にも取り組んでいきたいです。

（白川郷きくらげ組合）

現代農業2018年9月号

乾燥キクラゲ。1袋 33g、500円。村内の道の駅やお土産店でのみ販売

菌床に穴をあけてから立てて配置。ハウスの側面に設置したかん水チューブから自動散水する

せん定枝と搾汁粕で菌床づくり

リンゴ園から生まれたキクラゲ

青森県弘前市●越川博俊

せん定枝がもったいない

もりやま園㈱は弘前市で約10haリンゴを栽培しています。減農薬・環境保全型農業の取り組み、先月号で紹介した摘果リンゴを使ったシードルづくり、そしてクラウド型スマートフォンアプリ（ADAM）の開発なども行なっています。

元システムエンジニアの私は、農作業およびシステム開発をするため3年前に入社しましたが、現在はリンゴのせん定枝を用いたキクラゲ栽培に携わっています。

キクラゲを始めたきっかけは、せん定枝の片づけ作業を初めてして、「もったいない」と感じたことです。園地で出るせん定枝は毎年30～40tにもなります。この大量の枝を、次の作業の邪魔にならないように片づけ、燃やし、火を切らさないように枝

リンゴ園に置いた廃菌床。1～2カ月で土になる

キクラゲを収穫するまで

土蔵	海上コンテナ
2～4カ月 植菌 ▼------→ 培養	2週間 ●→ 発生処理 / 約4カ月 収穫

植菌は春と秋。培養後の菌床は4カ月保存でき、発生処理をすると2週間後から4カ月にわたって収穫できる。菌床を更新すれば通年で収穫可能

を足しての繰り返し。日々農作業をしている方は「当たり前じゃないか」と思われるでしょうが、私には不毛に感じられました。

チップとシードルの粕で菌床ができた

そこでせん定枝の活用方法を模索した結果、チップを培地にしたキノコ栽培が一番簡単という結論に達しました。キクラゲは大手メーカーがまだ参入していないので、少量の栽培でも太刀打ちできます。品種はアラゲキクラゲを栽培することにしました。種菌メーカーによると、リンゴの木はキ

栽培テストでつくったリンゴせん定枝チップ菌床に生えたキクラゲ。種菌は森産業㈱で購入した

クラゲ栽培に向いていないとのことでしたが、リンゴは樹液が少ないのでキノコが栽培できるはずと、自信はありました。数個の菌床からテストを開始し、キクラゲが問題なく収穫できることを確認しました。

はじめは、せん定枝チップに栄養剤として米ヌカ等を添加していましたが、天然のキノコは栄養剤がなくても生えてきます。テストしてみると、せん定枝だけでも米ヌカ添加と収量面で大差ありませんでした。

また、シードルやリンゴジュースの搾汁粕を、菌床の材料としてテストしました。園内でつくるチップは破片が大きく、一般的な菌床より含水率がかなり低くなりますが、粕を加えると保水力の改善が見られました。

その後、ビジネスアイディアコンテストで入賞し、弘前市の補助を受けて培養施設と栽培施設を整えました。トラクタで牽引するチッパーシュレッダーを購入、土蔵にエアコンをつけて培養施設にし、栽培施設としてはエアコンや換気扇をつけた海上コンテナを用意しました。費用は約３５０万円。そのうち補助は１５０万円です。

土蔵で菌の培養

本格的な栽培は去年の春から、８ｔのせん定枝で始めました。まずチッパーでせん定枝を粉砕し、袋に入れて雨の当たらない小屋などに保管しておきます。

菌床を仕込むのは春と秋。チップに搾汁粕と水を加えて水分を調整し、２・５kg菌床袋に詰めて常圧で簡易熱殺菌。放冷した後、購入した種菌を植え付けて土蔵で培養します。無菌室やクリーンベンチの設備はありません。白衣や手袋を着用し、気をつけて植菌しています。

培養時の湿度は50～70％、温度は15～30℃が目安です。１～３カ月で菌糸が蔓延し、チップが底まで白くなります。それから２週間～１カ月経ったら培養完了です。

海上コンテナで通年栽培

菌床を海上コンテナに移し、子実体が形成できるよう菌床袋にカッターで切れ込みを入れると（発生処理）、約２週間で収穫が始まり、その後は１日おきに収穫します。

４カ月程度収穫するとキクラゲが薄くなってくるので、新しい菌床と入れ替えます。菌床は発生処理をしなければ４カ月程度保存できるので、通年栽培が可能です。

コンテナ内はＬＥＤで明るくし、温度は冬は18℃、夏は27℃に設定。加湿器と循環扇で湿度を85％以上に保ちます。換気や循環が不十分だと、子実体の傘が開かず奇形になってしまいます。こまめな散水も重要です。センチュウやキノコバエのトラブルもあり、調子が悪い菌床は新しい菌床と入れ替えます。

廃菌床はそのままリンゴの樹間に配置します。キクラゲに分解された菌床は、指でつまむとチップの硬さを感じずに潰れるほどに軟らかくなり、１～２カ月で影も形も

コンテナ内でキクラゲを収穫する様子

なくなります。まだ取り組み始めたばかりですが、リンゴをおいしくできたらと考えています。

歯ごたえがあるキクラゲになった

こうして始まったキクラゲ栽培ですが、事業として行なう以上、収益性を考えなければなりません。

収量は生のキクラゲ換算で、菌床重量の30～50％を目標としています。生のキクラゲ１kgが、小売りでだいたい３０００～４０００円で売れれば理想です。正直なところ、まだまだな状態ですが、８ｔのせん定枝でつくる菌床から４ｔのキクラゲをとって、１６００万円で販売するのが目標です。今は乾燥キクラゲの販売しかしていませんが、今後は栽培を安定させて、生も販売していきたいと考えています。

もりやま園のキクラゲは、栄養剤を使用せず、リンゴの栄養だけで育ったキクラゲです。あえて木のアク抜きもしていません。リンゴの成分を多く吸収したためか、肉質がしっかりしています。他の乾燥キクラゲと比べると水で戻すのに時間がかかりますが、歯ごたえがあり、加熱しても溶けにくい特徴があります。

種菌と水以外はリンゴ園でとれるものだけでつくり、廃菌床はリンゴ園に戻します。リンゴ栽培と一体になったキクラゲ栽培です。

現代農業２０１８年９月号

まんべんなく水を噴霧して キクラゲの収量1.5倍

山形県鶴岡市
● (農) あつみ農地保全組合　佐藤昌幸さん

「スキマ産業として狙いたい」とキクラゲに目をつけ、2016年にハウスで栽培を始めた佐藤さん。17年、水のやり方を変えただけで、収量がアップした。

水やりは、当初は手作業で1日2回行なっていた。それを3方向へ噴霧できるかん水チューブを天井に這わせ、タイマーで1日2回噴霧。どの菌床にもまんべんなく水が行き届き、室内の湿度も保てるようになった。

当初は1個の菌床（1kg）の収量が約0.8kgだったが、17年は1.2kgと、1.5倍に。もちろん労力も人件費も軽減した。

ハウスは長さ25mで栽培棚は2列。既製のスプリンクラー散水機を入れると20万円もかかるところ、園芸用のかん水チューブを4本設置して、数万円ですんだ。

現代農業2018年９月号

菌床は四角いタイプで、500個栽培。写真は5月下旬に袋に切れ目を入れてから1カ月後の状態。あと3 ～ 4カ月は収穫できる

冬春に稼げる原木シイタケ——栽培のコツと裏ワザ

稼げる！

干しシイタケの生産量は減り続けているが、生シイタケは生産量も生産額も右肩上がり。とくに晩秋～春先は品薄で、直売所でも売れ筋

腐生菌。シイ、ナラ、クヌギなど主にブナ科の原木が好き

裏ワザ！

種菌は発生温度帯、生用・乾用などによって多種。組み合わせれば周年栽培できる

春生えシイタケ

ハウスなしでも冬春に稼げる

自分のようにハウスを持たない場合、直売所での売り上げが少なくなるのが1月から4月である。この時期に露地で収穫できるものは何かないかと考えていて、生シイタケを思い出した。JAに勤務しているときに

品薄になる冬春の直売所で15万円！

原木シイタケ栽培きほんのき

島根県浜田市●峠田 等

長年乾燥シイタケ担当をしていたので、栽培に関する知識はそれなりにある。原木さえあればいつでも取り組める条件があった。

当時（7年前）、地元の直売所に出荷されていたのはほとんどが菌床シイタケだった。風味がよく露地栽培可能な原木シイタケはねらい目である。生で出荷すれば、乾燥機と燃料代、乾燥技術がいらないのもよい。生シイタケは小規模でも取り組め、直売に向く。

実際に出し始めると、冬場の鍋材料としてよく売れた。とくに年末から正月はシイタケの発生が追い付かない状態である。昨年は1パック250〜300円で533個売れ、1シーズンで約15万円の売り上げとなった。

現代農業2018年9月号

シイタケ栽培のポイント

シイタケの原木栽培は、原木に植菌してから2年ほど伏せ込み、菌糸を十分伸ばした完熟ホダ木をつくることが肝心である。他の作物のように追肥や防除で増産することはできない。いかによいホダ木をつくるかである。よいホダ木ができれば、同じ木から5～6年は継続して収穫できる。

ポイント①

原木の伐採適期と樹種

● 栄養豊富な紅葉期に伐採

原木にするのはクヌギやコナラで、よいホダ木をつくる第1条件は、原木の伐採時期。地域の標高差、山の向き、樹種、樹齢によってずれはあるが、当地では10月下旬から11月上旬の紅葉（黄葉）期が適期。春～夏にかけて蓄えた養分が一番多く木の地上部に残っているからだ。木は、紅葉期を過ぎると養分を根に送る。

伐採適期のクヌギの葉は黄葉した状態で、その地域のヤマザクラが紅葉する頃。コナラの伐採適期はケヤキの黄葉期

ヤマザクラ

ケヤキ

若いクヌギが最高

最適な樹種はクヌギの若齢木（10～15年生）、次がコナラ。これ以外の樹種でもシイタケは発生するが、発生量、品質、ホダ木の寿命が大きく劣るのであまり使われない。

また心材（樹の中心の硬い部分）には菌糸が伸びないので、心材が大きくなるコナラの老木は向かない。

適期に伐採したクヌギは、葉枯らしをした後も枯れた状態の葉がついている

葉枯らし後、玉切り

わが家には原木がとれる山がないので、中山間地域の方に立ち木を格安で分けてもらっている。狙うのは伐採と山出しの条件がよいところにあるクヌギ。他人様に分けてもらうので適期伐採が思うようにならないこともあるが、遅くても1月までには伐る。

伐り倒した後は2カ月ほど葉枯らし（葉をつけたまま倒しておいて木を自然乾燥させる）。その後、長さ1mほどに玉切りをすれば原木の完成。

1mほどの長さに玉切り

原木の伐採、集材、玉切りはとくに重労働。ユニックなども必要になる。植菌、伏せ込み、ホダ降ろしなども力がいるので、初めて取り組む場合は、あらかじめ経験者の話を聞いたりするとよい

ポイント②

シイタケ菌の選び方

● ダラダラ生えるほうが直売所向き

シイタケ菌の種類は、大きく分けると秋生え型と春生え型。品種改良が進んだ今は、発生が始まる温度によって高温菌、中高温菌、中温菌、中低温菌、低中温菌、低温菌に細かく分けられる。高がつく菌は秋生え型、低がつく菌は冬から春生え型である。

また適温になると一斉に発生するタイプ（集中発生型）とダラダラと長期間発生するタイプ（分散発生型）がある。経営規模によっても違うが、生シイタケを直売所で売るならダラダラ長期間発生型、干しシイタケなら一斉発生型がよい。

直売所販売なら、毎年3000～5000個の種菌を植えれば、冬場に15万～20万円の売り上げが見込める。

● 筆者のおすすめはキンコー115

私は、クヌギに最適な品種はキンコー（菌興椎茸協同組合）の「115」と思っている。低中温菌で最低気温が8℃以下になると発生が始まり、12～4月にかけてダラダラ発生するので春生えを早出しできる。

大きく肉厚で見栄えがよいシイタケがとれ、棚に並べても目立つ。晴天続きに発生するものは傘の表面が白く、亀甲状に割れて見事。これを乾燥シイタケにすると、「天白」といって高値で取引される。大径木から発生するものほど大きく肉厚になる。

「天白」。乾燥シイタケにすると高値で売れる

直売所で売るにはダラダラ発生タイプの種菌がよい

●植菌の目安

長さ1mの標準的な原木で、原木の直径×2くらいの個数の種菌を植えるのが目安。直径10㎝の原木なら10×2で1本当たり20個（種駒の場合）。大径木、伐採や植菌が遅れたものには10 ～20％多く植える。

直径30㎝もある大径木だと1本に200個以上植菌する。これは40 ～ 50年生のクヌギだったが、クヌギは老木でも心材が小さい

種菌。「種駒」は木駒に菌糸を培養したものだが、これは「形成菌」といって、オガクズで培養した菌を駒形に加工したもの

植菌用ドリルで直径8㎜、深さ25㎜くらいの穴をあけ、種駒や形成菌を押し込む（写真のドリルの刃は植菌用ではありません）

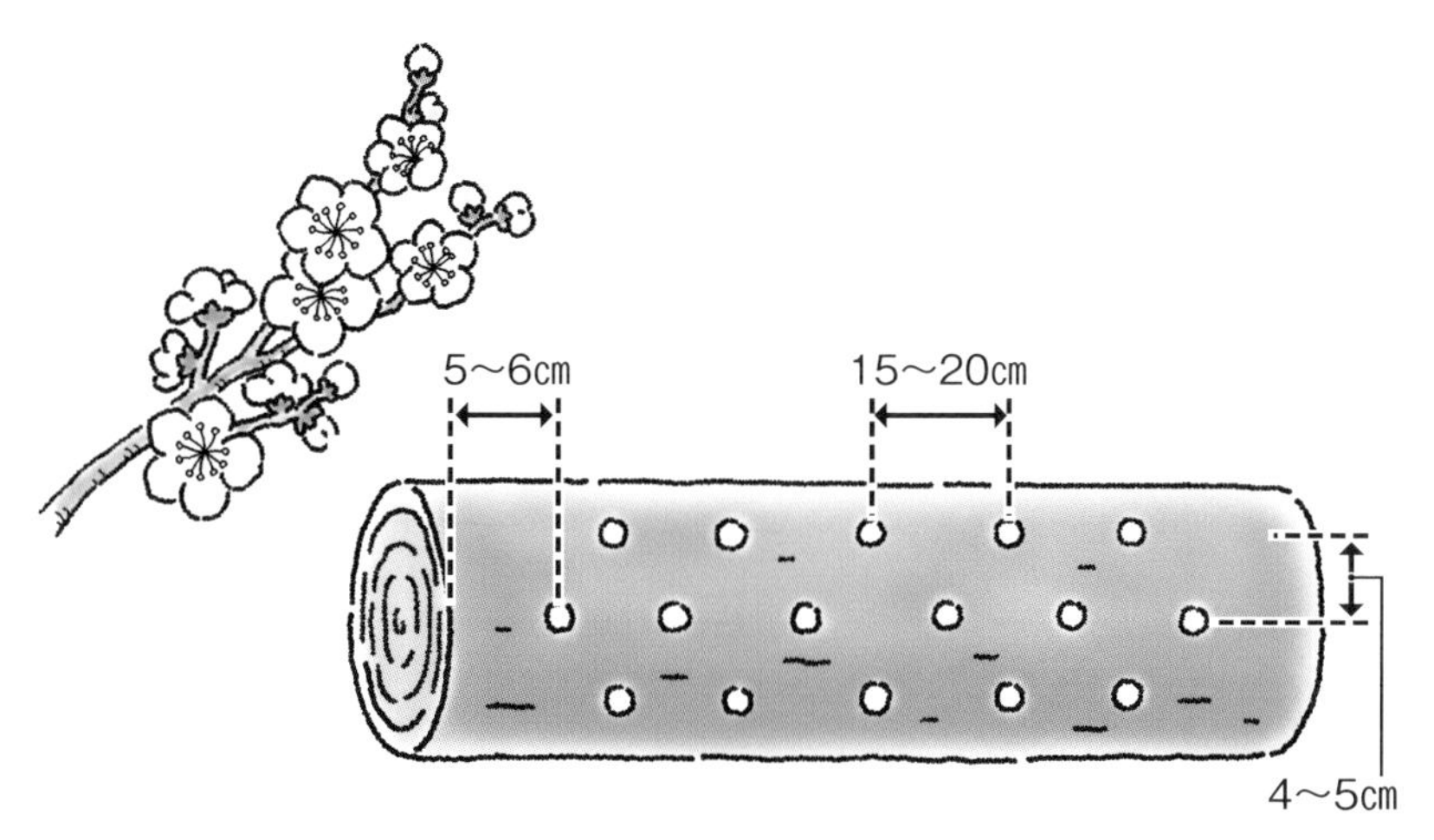

植菌は、ウメの開花からサクラの開花頃までにするのがよいといわれる。種駒の場合、木の方向に15 ～ 20㎝間隔、円周方向に4 ～ 5㎝間隔で千鳥に植える。木口からは5 ～ 6㎝以上あける。形成菌の場合はもう少し間隔を狭めて多めに植菌する

ポイント③

伏せ込み場所選び

● 風通しのいい日陰が理想

玉切りした原木に植菌したら、よいホダ木にするため伏せ込み場へ。約2年で菌がしっかりホダ木全体に回るためには、その場所選びが大切である。

理想は風通しのいい日陰。シイタケ菌は高温・乾燥に弱いので、直射日光が当たる場所は避ける。原木を伐採した跡地に伏せ込むのを「裸地伏せ」、針葉樹林、常緑樹林等の林内に伏せ込むことを「林内伏せ」という。

裸地伏せで、笠木(かさぎ)を十分にしたものがよいホダ木となる。笠木とは、原木の上に枝葉を載せて簡易的に日よけをすること。雨も風も光も適度に通すので、菌糸が伸びやすい。林内伏せの場合、スギ・ヒノキ・竹の林内は殺菌力が強いので雑菌の繁殖は少ないが、シイタケ菌の伸長も悪く、よいホダ木になりにくい。

● 庭先でもできる

足元のよい場所に条件を整えて伏せ込み場兼ホダ場にすることもできる。私は家のまわりに小面積の人工ホダ場をつくっている。

庭先での伏せ込みの様子

写真にはないが、仮伏せ・本伏せとも、黒い遮光シートを浮きがけ（左ページの写真参照）にして直射日光を遮る

仮伏せ 2

その後、風通しがよくなるよう、細い木を間に挟んでホダ木の間に隙間をつくる

仮伏せ 1

植菌後、3～4月は乾燥する時期でもあるので、棒積みにして原木どうしを密着させ低く積む（ひざの高さくらいが理想）

峠田さんの原木栽培の流れ

1月	2	3	4	5	6	7	8	9	10	11	12
		植菌	仮伏せ		本伏せ（1年目）						
本伏せ（2年目）									ホダ降ろし		発生
以降、12～4月にかけて5～6年発生											

・ホダ降ろしによる移動のショックがシイタケの発生を促す
・シイタケがとれるのは2年目の秋以降。それまでの原木代、種菌代などの資金、ホダ場の確保などを頭に入れて取り組むことが大事

大径木ではこんなホダ場も庭に作った。波板は直射日光を遮るための「屋根」。ホダ木の下には板を敷き、切りワラで土を覆って泥跳ねを防ぐ

ポイント④ ホダ場の管理

原木にシイタケ菌を植え、シイタケが発生する条件になったものをホダ木という。ふた夏経過したホダ木をシイタケが発生しやすい条件の場所へ移動することをホダ降ろし（ホダ起こし）という。伏せ込み場より少し湿度が高く暖かいところが発生量が多く、シイタケも大きめになる。

わが家は平坦地にあり南向きなので、晩秋から春先まで長期間ダラダラ発生し、直売所で売るには好条件。春生え生シイタケを早出しできる。

原木シイタケが菌床シイタケより優れるのは肉質の締まり、食感、味がよいこと。差別化販売ができる。

庭のビワの木の下に作った小さいホダ場。黒い遮光シートで日陰をつくる。南向きなので発生が早い

現代農業2018年9月号

ナイロンコード式刈り払い機でバシバシ！

老齢ホダ木を叩いてシイタケ大増収

●編集部

ナイロンコード処理のようす。上部から下部へ均一に叩きながら1往復する（写真提供：宮崎県林業技術センター）

市販の刈り払い機で叩くだけ

「雷が鳴るとキノコが生える」といわれたり、原木を水に浸けて窒息気味にするとシイタケがよく発生したりと、外部からのさまざまな刺激がキノコの発生を促すことは、昔から経験的に知られている。宮崎県林業技術センターでは、なんとナイロンコード式の刈り払い機で、原木をバシバシ叩くシイタケ増収方法を開発した。

センターでは10年ほど前から、釘目で傷をつけたり、動噴で高圧噴霧したりと、いろいろな道具を用いて試験してきた。その中の1つが今回の方法。シイタケ生産者がホダ場の草刈りをした際、ナイロンコードが当たったホダ木下部からたくさんのシイタケが発生した……こんな話が、発案のきっかけとなった。他の手法に比べてもとくに効果が高い。

使うのは、草刈りなどに使われている一般の刈り払い機。市販のナイロンコードを取り付け、ホダ木の上部から下部へ

4品種へのナイロンコード処理の効果

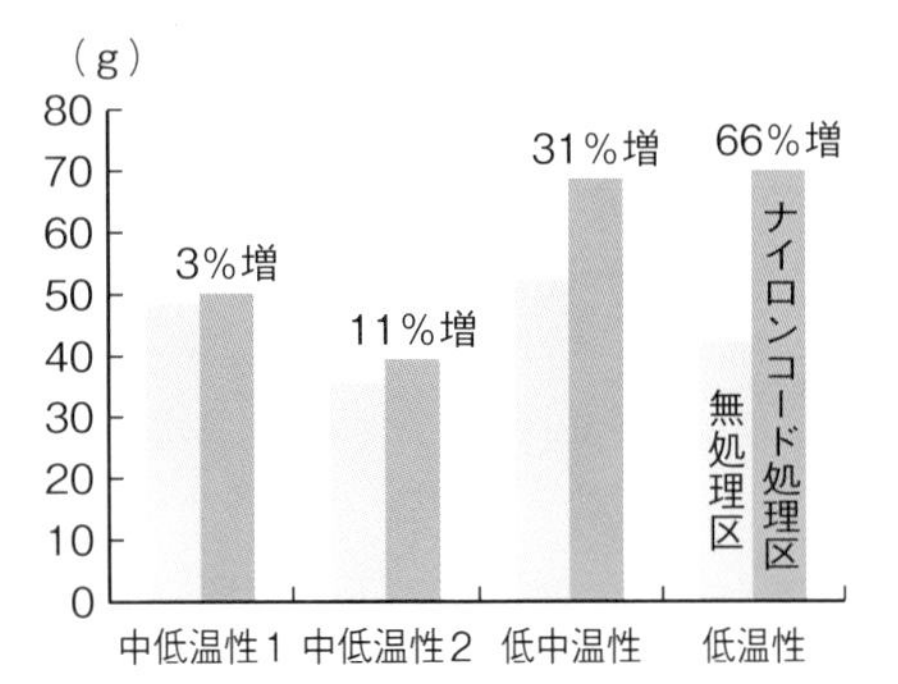

秋～春にかけて1mの2歳ホダ木1本からとれた収量の合計。発生温度の高いものから順に、中低温性2品種、低中温性1品種、低温性1品種で比較。ナイロンコード処理により、中低温性1以外は有意に増収し、とくに低温性品種と低中温性品種で効果が高かった

4歳ホダ木と2歳ホダ木へのナイロンコード処理の効果

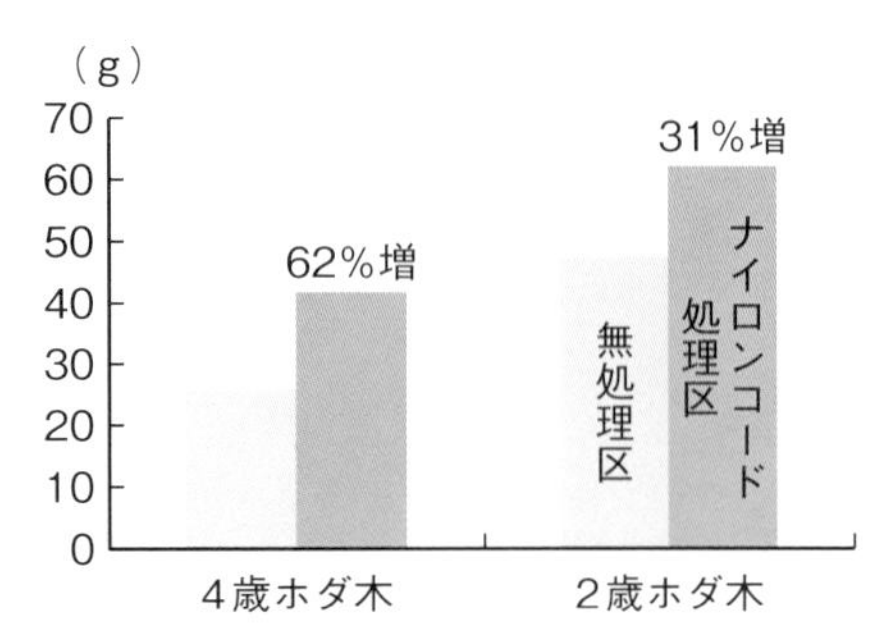

同じ低中温性品種を用いて、秋～春にかけてホダ木1本（長さ1m）からとれた合計収量を比較した。収量が落ちてきた4歳ホダ木のほうが、ナイロンコード処理による増収割合は大きかった

かけて均一に叩いてやると、ホダ木1本当たりの収量が増加する。

老ホダのほうが効果は大きい

ホダ木の年数によって増収効果は異なるという。春に植菌・伏せ込み、翌年の秋にホダ木を起こして2年目のホダ木（2歳ホダ木）と4年目のホダ木（4歳ホダ木）では、4歳ホダ木のほうが増収効果は高い（右ページ右下の図）。だんだん収量が落ちてくる老ホダに人工的な刺激を与えて「最後の一頑張り」を応援するイメージだ。

刺激を与える時期は、「芽切り時期」を目安にするといい。センターでは、発生型の異なる4品種を使い、それぞれの芽切り温度（菌のカタログに記載）が数日続いた時期に、コードで刺激を与えてみた。すると、4品種中3品種、最大66％の増収効果が見られたという（右ページ左下の図）。

簡単な処理で効果も抜群。短時間に多くの古ホダを刺激できるこの方法は、今後広まっていきそうだ。

現代農業2018年9月号

シイタケ原木は春伐りがいい

大分県日田市●長谷部重孝

秋伐りでなくてもいい

2018年10月号に掲載されました「積むだけ、転がすだけの廃ホダ堆肥で空き地がすべて極上畑に」の記事で、シイタケの原木を春伐り（寒伐り）することを申し述べました。

一般に原木の伐採（元伐り）は秋の紅葉の時ですが、私の場合は年を越し、冬の土用が明けた立春から春分の日頃までに伐採しています。ただし秋伐りするのが悪いというわけではありませんので誤解しないでください。

すぐに玉切り、植菌できる

私が春伐りをする理由は次のとおりです。

秋伐りの場合、伐った原木はしばらく葉枯らし（葉を付けたまま倒して内部の水分を蒸散させる）をして乾燥させ、シイタケ菌が回りやすい水分にしてから、玉切りして植菌します。春伐りの場合は、原木の芯水がより少なくなっているため、伐ってすぐに玉切りして植菌できます。この2～3月頃の木はまだ休眠状態なので、根から水をどんどん吸い上げることもありません。

まずは道端の原木や家の近くに立っていて周辺で葉枯らしができない原木などが、春伐りに適していると思います。乾燥させ

筆者（81歳）。日田市中津江村の標高約400mの山間地で、原木シイタケを始めて35年。年間約1000本に植菌。生シイタケと干しシイタケを出荷（田中康弘撮影、以下Tも）

なくても、すぐ玉切りができるので邪魔にならず、原木1本1本を速やかに片づけることができるからです。

私はいますべての原木を春伐りしています。比較的水分を必要とする成形駒（オガクズで菌を培養して成形したもの）だけでなく、種駒（木駒に菌を培養したもの）でも同様に植菌しています。

種駒の活着もホダ化もいい

もともとは私も秋伐りをしていました。しかし13年ほど前、11月の元伐りの時期に風邪を引いて原木が伐れず、明年の1月末以降に元伐りをすることになりました。「今頃原木を伐っても大丈夫かなあ」と心配したこともありました。

それがふた夏経過した秋に、春伐りした原木から今までにないような自然発生がありました。山林に本伏せした状態で、自然とシイタケがどんどん出てきたのです。

その後も春伐りの原木からは、毎年秋になると同じように自然発生ができています。私はそれを収穫してから、ホダ起こし（発生しやすい場所へ移動）としてビニールハウスに運びこみます。

あとでわかったことですが、春伐りの場合すぐ玉切りすることで、原木の元から枝までの水分が一定しているということです。だからすぐに駒打ちしてもいいし、水を抜き過ぎることがないからか、最近の夏の猛暑による乾燥にも気を遣うことはありません。

また2～3月頃になりますと、夏に吸い上げた水分が木の中で栄養化されると思われます。寒波刺激を受けて、原木の樹液の糖度が上がって木に栄養が回ってから伐るので、シイタケの発生がよくなるのではないかと思います。メープルシロップは、寒期を経てカエデの樹液が高糖度化されてから採取するといいます。シイタケ原木のクヌギも同じではないでしょうか。

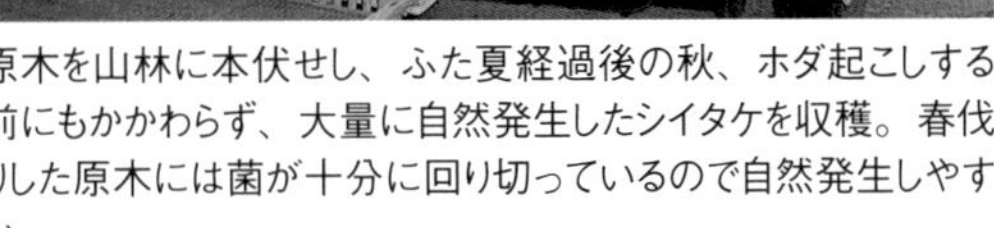

原木を山林に本伏せし、ふた夏経過後の秋、ホダ起こしする前にもかかわらず、大量に自然発生したシイタケを収穫。春伐りした原木には菌が十分に回り切っているので自然発生しやすい

これほどの大径木でも原木全体にシイタケ菌が回り、1代で12～13kgとれる。秋伐りするよりも春伐りするほうがホダ化しやすいと実感。近年のような猛暑が続いても、シイタケの出がよく、大きさも揃う

10cm以上のジャンボシイタケもバンバンとれる

作業分散、省力になる

原木を秋ではなく春に伐ることで、秋の作業分散にもつながります。私は妻と2人の生活です。シイタケづくりは私1人です。秋は、ホダ起こしの前にはコンニャク500kg、ユズ1tの収穫などがあります。それが終わってから、山からホダ木を持ってくるホダ起こしの作業になります。春伐りなら、伐採作業は2~3月に回せます。

また伐ってから玉切り、駒打ち、本伏せ作業が同時にできるので、省力化にもなります。

私は山にホダ場を持っていませんので、ホダ起こし以降は全部ハウス栽培です。全ハウスに散水装置が付いています。収穫は10月から明年5月末まで続きます。ハウスなので雨が降ろうとお構いなしです。春の長雨にあたって春子シイタケが雨子（水を多く含んだ状態）になることはありません。

ちなみに、私は毎年1万~1万5000個の駒打ちです。とくに大きな生産者ではありません。ただ外の生産者より、ホダ木1本からとれるシイタケは多いと思います。

（長谷部農林）

現代農業2019年3月号

クヌギの大径原木でもシイタケが十分とれる

●大分県農林水産研究指導センター

大径木に刻みを入れて水抜けをよくした

将来のためにも 今、大径原木を生かしたい

大分県では、外国産乾シイタケの輸入急増や価格の低迷により、担い手の減少や生産者の高齢化が進行し、それによる生産の減退からクヌギ原木の使用量が減少したため、原木林が大径化するようになりました。

クヌギの大径原木は大きく重いため、取り扱いが困難になるとともに単位当たりの発生量が減少します。重量は直径10cm程度の原木では1本当たり7~8kgぐらいですが、直径が20cmになると30kgもなります。そして、直径15cm以上のホダ木では、直径10cm程度の通常のホダ木と比較して収量が6~7割程度に減少することが報告されています。

さらに、クヌギ原木林の更新の遅れは、

図1　原木処理の模式図

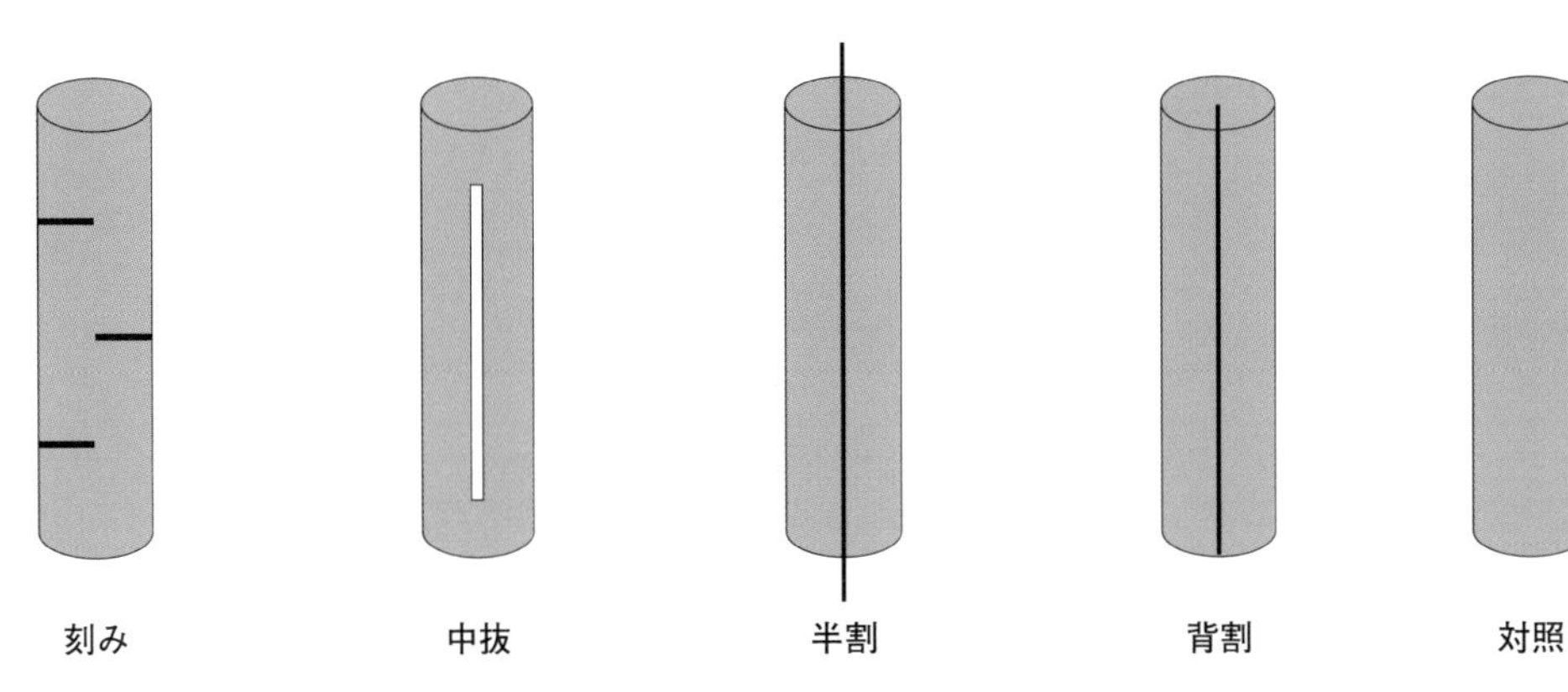

シイタケ原木としての利用適齢（一般的に15～20年）林分面積の減少やクヌギの生長量の低下を招き、将来的なシイタケ生産用原木資源の枯渇につながる可能性があります。

そこで、乾シイタケ生産における大径原木を用いた効率的な栽培技術についての試験を行ないましたので、その概要を紹介します。

原木に刻みを入れる

大径原木でシイタケの発生量が少ないのは、材からの水抜けが悪く、乾燥が遅れることが原因です。

そこでまず、材からの水抜けをよくするために、通常の長さ（1m）の原木に切れ込みを入れる方法について検討しました。図1で示す4つの方法では、「中抜」以外はどれも1分間に1～2本の原木を処理できました。しかし、「中抜」や「背割」は危険防止のために原木の固定などが必要になり、チェンソーの取り扱いにも注意が必要ですので避けるべきと考えます。

また、シイタケの発生量調査結果（表1）では、原木に「刻み」を入れる方法が他の方法と比べ収量をより確保できることがわかりました。

注意点として、「刻み」は材断面からの害菌の侵入の危険性を増大させることから、「刻み」により材へ傷をつけた場合は、「刻み」位置の近くに種菌の追加接種を行なってください。なお「刻み」の数は、発生開始後2年間の初期発生を確保するためには3カ所程度必要ですが、害菌対策などを考えると中央部の1カ所でも十分です。

この「刻み」によって原木の含水率がどれくらい減少するか調査しました。その結果、処理後1週間程度の短期間で重量減少率に差がみられ、「刻み」処理区の1・4％に対し、無処理区は0・9％となりました。

材断面からの吸水量は樹皮面の2倍程度との報告があることから、「刻み」を入れて断面を増やすことにより、断面からの空気や水分の供給が改善され、収穫量に影響したものと考えられます。

原木を50㎝の長さに切る

次に、原木の長さを通常より短くした場合の効果について検討を行ないました。原木材積1㎥当たりの処理時間は普通原木の半分の50㎝がもっとも効率的でした（図2）。また、収穫量も50㎝区が多くなっていました。先ほどの「刻み」処理の場合と同様に、材断面積割合の増加効果と考えら

図2　原木の長さと作業時間の比較

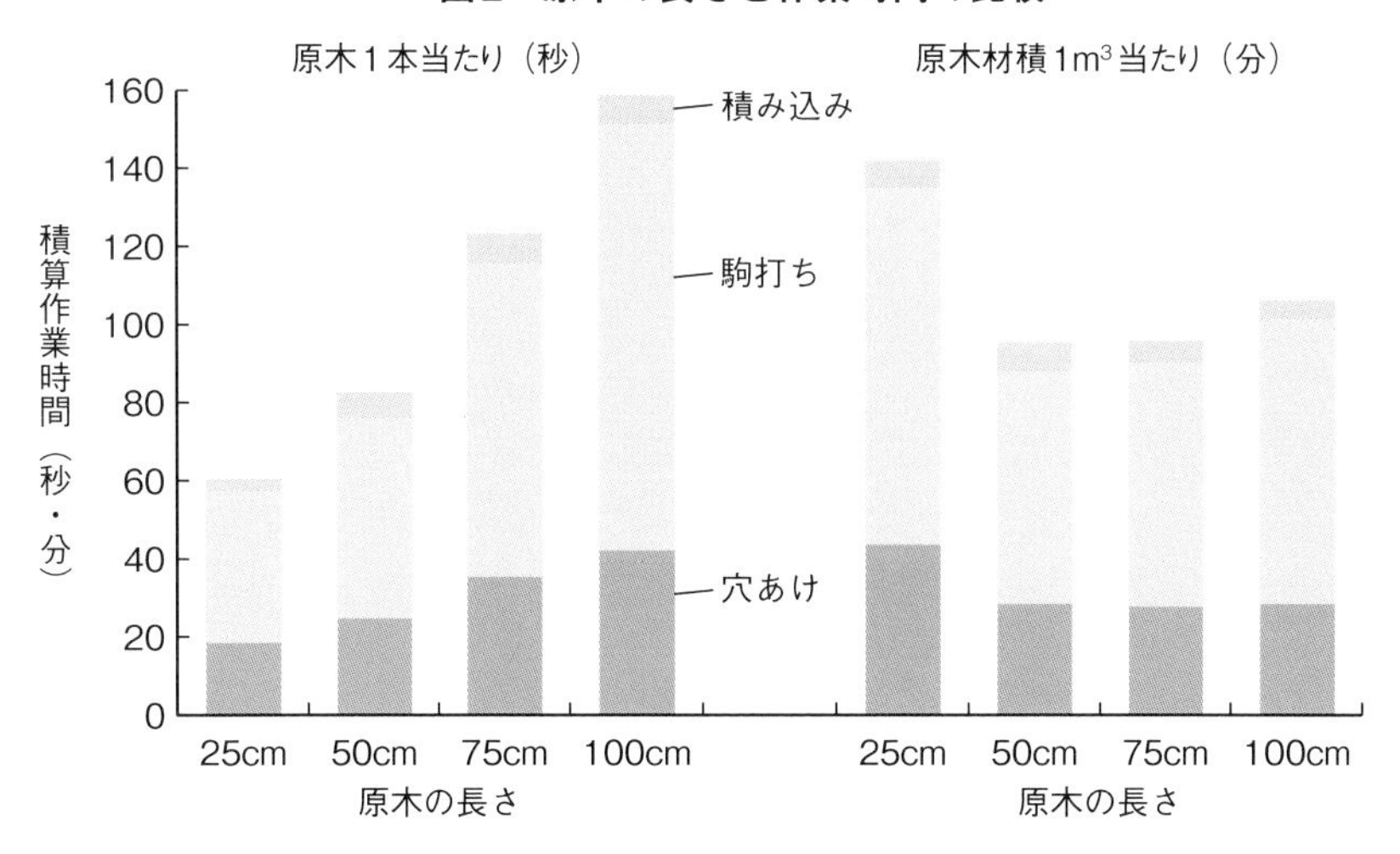

※利用した大径原木は直径14～25cm
1本当たりでみると原木が短いほど処理時間が短いが、1㎥当たりの処理時間は50cmの原木がもっとも効率的だった

れます。

このように原木を短尺化する場合には半分の長さにすることが有効ですが、本数が増加しますのでホダ場面積の確保が必要になります。

大径原木を生かすコツ

大径原木で効率よく生産するコツをまとめると、次のようになります。

表1　原木処理方法別の子実体発生量調査結果
（発生4年目まで：kg/㎥）

区分	種菌	刻み	半割	中抜	対照
大径木	成型・通常	11.35	10.81	10.09	10.82
	成型・4倍	13.45	11.90	13.97	13.68
	木片・通常	11.52	8.40	7.68	7.27
	木片・4倍	13.19	11.64	9.35	7.90
通常直径	木片・通常	−	−	−	12.86

注）「背割」処理は別年度の試験となったため除外
成型：オガクズ成型種菌を利用　　木片：種駒種菌を利用
通常：通常量の種菌接種　　4倍：通常の4倍量の種菌を接種

・原木を1mの長さのまま使う場合「刻み」を入れる方法が効率的
・「刻み」の数は1カ所でかまわないが、発生開始後2年間の初期発生量を確保したい場合には3カ所とする
・初期発生を多く確保する手段としては、菌の活着がよく早期にシイタケが発生しやすいオガクズ形成（成型）種菌が有効
・「刻み」処理は、原木の玉切りと同時に行なうと効率的。元玉や2番玉など太い部分を玉切るときに先に刻みを入れてから順次切断していく
・原木を短くする場合は50cm程度が効率的であるが、ホダ場の場所をとるため棚設置などの工夫が必要
・原木が重いので、最初からホダ場で管理を行ない移動回数を減らす

なおコナラ原木でこの方法の対応は検討していませんが、クヌギと異なり樹皮の亀裂が少なく水を通しにくいようですので、オガクズ形成（成型）種菌の利用を考えるとよいでしょう。

現代農業2012年12月号

シイタケ農家のアイデア農機具

原木シイタケの穴あけ機

広島県庄原市●山本謹治

自家用のシイタケの植菌を毎年していますが、ドリルを持ち続けていると手首が痛くなり、穴もうまくあけられなくなってきます。そこで十数年前から、簡単で安い穴あけ機をつくって使うようになりました。

ドリルはタル木の先に固定して、反対側におもりを付けて中間で吊り下げる。要は天秤のようにして、上下左右にラクに振れるようにするわけです。

一方、穴をあける原木のほうは、厚めの板の上にキャスターを上向きに付け、その上でクルクルと回るようにしました。さら

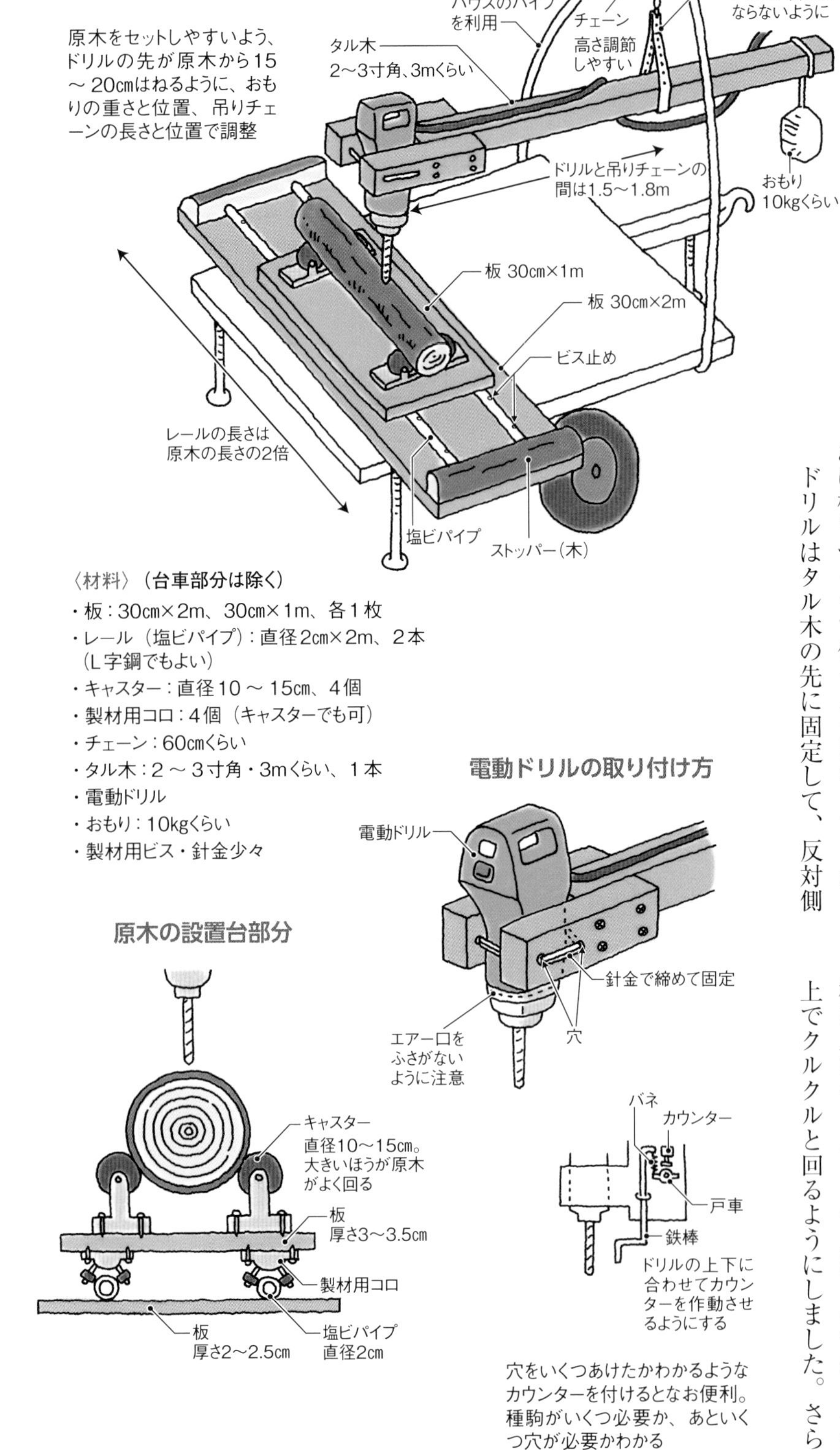

に、板の下には製材用のコロを付けて、横方向にも移動できるようにしました。

　ドリルを動かすのもラク、原木を回したり左右に動かすのもラクなので、うっかり穴を多くあけすぎてしまうくらい、穴あけ作業が簡単になりました。

現代農業2011年4月号

水稲用育苗器を利用したシイタケ乾燥機

愛知県豊田市●近藤圭太

　両親は兼業農家で、幼少時代からシイタケ栽培を手伝ってきた。大学卒業後、地元信用金庫に就職するも、原木シイタケ栽培への想いが強まり、脱サラしシイタケ専業農家になった。就農当初から「自分でつくった農作物は自分で売る」をモットーに、シイタケは週1回のペースでファーマーズマーケットに出店して対面販売するほか、直売所などに出している。

　ハウス栽培は行なわず、春を中心に露地で自然子を採取し、それを乾燥させて乾シイタケを生産する。乾燥には、エビラ（トレー）が30枚入る乾燥機1台と10枚入る中型乾燥機、それに今回ご紹介する自作の乾燥機を使い分けている。

　乾燥機はすべて灯油を使うのだが、昨今の燃料価格の値上がりで、大きい乾燥機をフル（24時間）で回すと燃料代がバカにならない。そこで、大きい乾燥機で12時間乾燥した後、仕上げを自作の乾燥機で行なう。また、傘の開いた生シイタケをスライスしたものを乾燥するのにも使っている。

　自作乾燥機は、使用しなくなった水稲用育苗器に板を貼り付け、屋根を付けてつくった。屋根の上部は空気の出口が少しあいている。うちにあったものを利用したので1万円以内でできた。

　だるまストーブで、内部が50度以上になるよう管理している。温度ムラができないようファンを取り付けているが、それでも乾燥時間の約半分まできたら、エビラを前後に回転させている。

現代農業2013年12月号

自作のシイタケ乾燥機（高さ190×幅140×奥行き70cm）。左側をあけたところ

室内の温度を確保しつつ、水分を逃がすために穴をあけた板を取り付けた

左はスライスシイタケの乾燥。通常のエビラを半分に切断したものを使っている。右は仕上げ乾燥するシイタケを入れるカゴ

名人が伝授　成功率50%超

「根切り法」でマツタケ増殖

長野県伊那市●藤原儀兵衛さん

藤原儀兵衛さん（80歳）。根切り法により、250㎡に23カ所のシロが発生したアカマツ林にて

38haのマツタケ山を管理

標高913m。南アルプスの麓に、マツタケ名人として知られる藤原儀兵衛さんの家がある。集落からマツタケ山への玄関口のような場所だ。

13haある持ち山のほか、区から借りている山のうちの25haもマツタケ山で、それらをすべて儀兵衛さんが管理してきた。

ただ昨年、息子さん一家が長野県岡谷市から戻ってきたので、現在は働き手が増え、儀兵衛さん夫婦と息子さん夫婦の4人になった。ちょっと驚きだが、生計の柱はマツタケ販売で、今後は2家族6人の生活を山のキノコが養っていくことになる。

マツタケはハゲ山に生えていた

開口一番、「うちの山は以前よりたくさんマツタケが出る。昔の山に戻したもんで」と儀兵衛さん。

昭和30年代の初め、プロパンガスや耕耘機、化学肥料の普及にともなってマツタケが採れなくなった。薪が不要となり、牛馬のエサや作物の肥料にする下草や松葉を掻き集める必要もなくなり、人々が山に入らなくなったからだ。

「昔は里山を使いすぎてハゲ山になった。そういうところにアカマツは育ち、マツタケも生えていた」

マツタケはやせ地でアカマツとの共生関係を結ぶが、土地が肥えると雑菌も殖えて抵抗力の弱いマツタケ菌は生き残れなくなる。アカマツにとっても、わざわざマツタケに菌糸を伸ばしてもらって遠くから養分を掻き集める必要がなくなるのかもしれな

膜が切れ始めたマツタケ。これから傘を開いて胞子を出す（写真提供：長野県林業総合センター）

い。山から人々の足が遠のくとともに、山が肥え、マツタケは姿を消していった。

徹底的に土地をやせさせる

そこで、「昔の山に戻す」ため、儀兵衛さんは徹底的に松葉を掃除し、土地をやせさせてきた。松葉は5年経つと堆肥化するので、3年以内にすべて掻き出すという。畑のそばの堆肥置き場まで持ち込んで完熟させ、3aほどの畑に使う。畑の野菜は金肥（市販の肥料）を一切使わず、松葉堆肥のみでつくるそうだ。

間伐の仕方も特徴的だ。徹底的に落ち葉を掻いて山をやせさせるので、耐え切れずに枯れてしまうマツが現われる。伐るのは、枯れたマツだけだ。

「生きた木を伐ると、根のトンネルができて、それが塞がるまでに25年はかかるんです。根のトンネルがあると下からの水分が順調に上がってこずに、マツタケが発生できなくなる」

だから、生きた木は間伐せず、枯死した木のみを20年ほどかけて慎重に伐っていく。結果、一般的なアカマツ林と比べて1本ずつの木は細く、密に生えた山となる。

「一般的な林業からすると、邪道ですよ。でも、70年、80年かけて太いアカマツの木を伐っても、丸太市場ではダイコン1本ほどの値段にもならない。ならば、邪道でもマツタケ山をつくったほうが、よっぽど利益が出るでしょう？」

作業道の脇に松葉が溜まっていた。熊手で掻いてシートに集めて運び、作業道に落としていく。秋にまとめて堆肥置き場に運ぶ予定

マツタケのシロを拝見

マツタケが最初に発生した位置に支柱が挿してある

シロ

昨年は天候不順で発生しなかったそうだが、石をそっとどけてみるとシロを発見。今年はおそらく出るだろう（6月29日撮影）

こちらは別の場所にあったケロウジのシロ。やはりアカマツと共生する菌根菌だが、マツタケを駆逐する天敵ともいえる菌。マツタケは採ってもケロウジ（おいしくない）は誰も採らないので、余計に増えてしまう。西洋では食材とされるクロラッパタケもマツタケにとっての天敵

マツタケ山の管理暦

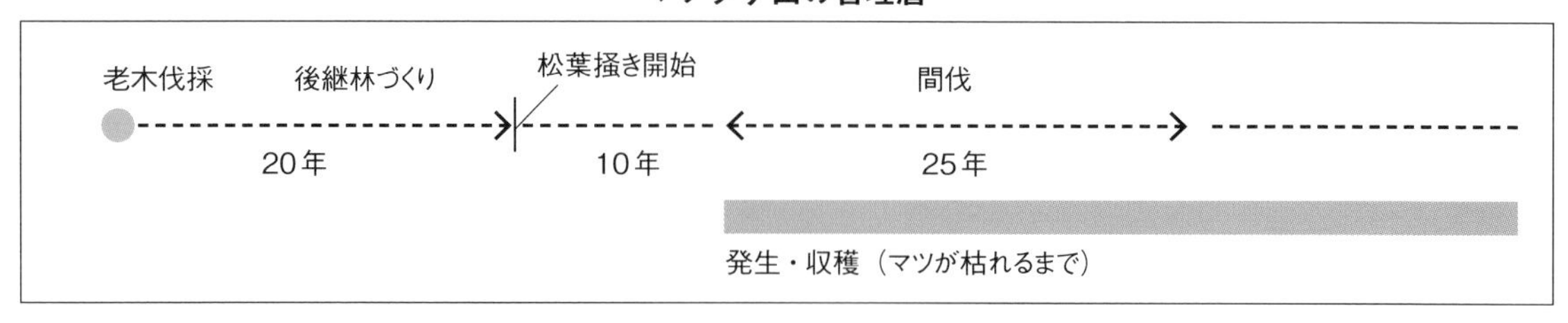

根切り法の作業暦

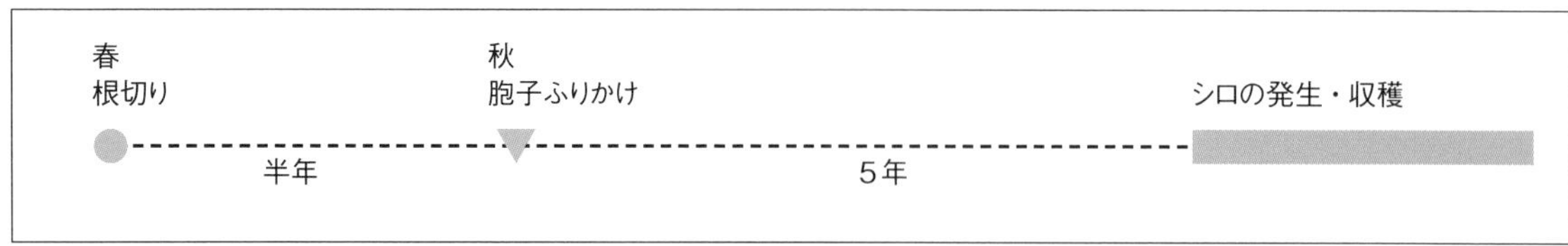

*儀兵衛さんは55～60年生のアカマツでシロが出ていないマツで根切りをする

建材用ではなく、キノコ生産のための林業技術なのだ。ちなみに、伐採した木は風呂のボイラーや、冬場の薪ストーブに使う。パンを焼くのも料理もすべて薪ストーブ。ガスを使うのは夏場の台所だけ。山を昔に戻すことは、山とともにあった生活を現代的に取り戻すことでもある。

新しい根に胞子を与える

さて、儀兵衛さんは「なんとかして自分の思うところにマツタケのシロ（菌糸の集団）をつくりたい」と試行錯誤を続けてきた。そして、30年かかって開発したのが「根切り法」である。

最初に成功したのは「集根法」だった。山をとことんやせさせ、アカマツが栄養を欲しがっていそうなところにたっぷりと腐葉土を置く。するとそこに根が集まってくる。秋に傘の開きかけたマツタケを持ってきて胞子を落とすと、１００％近い確率でシロを発生させることができた。

しかし、発生までものすごく時間がかかる。山をとことんやせさせるのに5年、腐葉土を与えてから3年、胞子をまいて5年……。

なんとか時間短縮できないかと考えていたとき、お嫁さんが孫に離乳食を食べさせているのを見て、閃いた。赤ちゃんの胃袋みたいにまっさらな新しい根を出させ、そこに胞子を与えればいいのだ。根を切れば、新根がたくさん出るはずだ、と。

そこで春、サクラの花が咲く頃までに根を切り、５つの試験区を設けた。秋には新根が発生したので、傘の開きかけたマツタケを試験区ごとに２つずつ用意し、１日置いておく。夕方は尾根から沢へと山風が吹くので、試験区の上側２カ所に設置。朝は下からの沢風が吹くので、下側に移動させる。たったそれだけだ。

試験区の１つは、２５０㎡で囲ったヒモ

老木を伐って4年目の後継林。種木（たねき）を何本か残しておき、タネが落ちて自然に生えてきた木を育てる。植林するよりもマツタケがよく出る

の中で40カ所の根を切った。5年後の2014年には、23カ所にシロの発生を確認、その後も毎年発生が続いている。他の試験区も同程度の発生率という。

山の管理あってこその根切り法

こうして1カ所に大量のシロを発生させる技術を得たが、これはあくまで実験だ。シロが一度発生した場所は忌地となり、毎年1・5㎝くらいずつ移動していく。限られた土地で高密度にシロを発生させると、忌地の密度も増えてしまう。長い目で見ると、1カ所にたくさんシロを発生させるよりも、一定の間隔を置いて発生させたほうが、1つの山の収量は高くなるだろう。

「自分の代で終わりにするならともかく」、息子さんに山を引き継ぐことを考えると、根切りは1カ所につき3〜5つにとどめ、そこで確実にシロを1つ発生させるやり方のほうがよさそうだ。

もちろん、アカマツ林があれば、どこでも根切り法が成功するというわけではない。松葉の掃き出し、下草刈り、間伐など、1年を通した山の管理があってこその根切り法である。

「条件さえつくってやれば、マツの木1本に必ず1つのシロはできるはず。本来、マツタケを出す能力のないマツはいないと思うから」と儀兵衛さん。アカマツとマツタケのもつ力をとことん信じる姿勢は、誠にあっぱれというほかない。

現代農業2018年9月号

根切り法のやり方

アカマツ林の土を掘り、割り箸程度の太さの根を切る（写真の根はちょと細い）。表面の松葉をどかすと、山土がむき出し

土を埋め戻して足で踏んづける。結構手荒だ

秋
根切りした位置
10月に再び出た新根

根切りした場所から新根が生えてきた。春に切ったあとに伸びる根は8月いっぱいでいったん止まる。10月頃に再び出てきた新根に胞子が食い込むのでは？と儀兵衛さんは見る

6月末にアミタケ（写真）やキシメジが発生していた。不作の年には夏に出ないそう。ハチクがたくさん出た年も豊作傾向で「今年は平年作以下にはならなさそう」

マツタケ似のおいしいキノコ

広葉樹林でバカマツタケの栽培に成功

奈良県森林技術センター●河合昌孝

色、形ともマツタケに酷似

「匂い松茸味占地（においまつたけあじしめじ）」と古くから言い表わされるよう、マツタケは日本人に親しまれているキノコです。このマツタケに色、形などが似ているキノコ（マツタケの近縁種）が日本には数種類知られていますが、バカマツタケもそうしたマツタケ近縁種の1つです。

マツタケは、秋にアカマツ林などの針葉樹林に生えますが、バカマツタケは、夏から初秋にかけてコナラ、ミズナラ、アラカシ、ウバメガシ、マテバシイなどの広葉樹林に発生する食用キノコで、色、形ともマツタケに酷似しています。また、マツタケよりもやや小ぶりで、肉質もやや軟らかいのですが、マツタケに似た強い香りを放ちます。このため、キノコに詳しい人でなければ、マツタケと見分けることは極めて困難です。マツタケとは、食感や香りが多少異なりますが、おいしいキノコですので、マツタケと同様な利用法が期待できます。

今回、人工的に培養した菌糸を用いて、これまでバカマツタケが生えていなかった山にバカマツタケを発生させることができましたので、その概要を説明します。

無菌の苗を取り木で確保

ところで、これらマツタケやバカマツタケは「菌根性キノコ」と呼ばれるグループに分類されます。この菌根性キノコというのは、生きた木の根に共生して「菌根」という構造をつくり、樹木から栄養をもらって生活をしています。そのため、これらのキノコを栽培するためには、まず、生きた樹木の根と共生させる必要があります。

しかしながら、バカマツタケと共生するコナラなどの樹木は、土に生えている状態では、すでに様々なキノコと共生して菌根を形成しており、バカマツタケを共生させる上では邪魔になります。そのため、根にほかのキノコの菌根が形成されていない苗をつくる必要が出てきました。

菌根が形成されていない苗を得る手段としては、無菌状態で種子を発芽させて苗木を育てる方法などがありますが、かなりの根気と労力、時間を必要とします。

そこで、古くから園芸分野で行なわれてきた「空中取り木」という手法を利用することを思いつきました。「空中取り木」というのは、木の枝に傷をつけて発根促進処理を行なった後、その部分を湿ったミズゴケで覆いビニールシートなどで乾かないように包み、発根させて新しい苗を得る手法です。

この手法では、3～4カ月と比較的短期間で大型の苗が養成でき、こうして得られ

ウバメガシの取り木。枝を環状剥皮して発根促進剤を塗り、水苔を巻いてビニールシートで包む

た苗木の根には、菌根が形成されていません。この菌根が形成されていない苗にバカマツタケの培養菌糸を接触させることにより菌根を形成させ、これを足掛かりに林地の樹木への感染を拡大してゆく方法を考えました。

菌糸の塊と苗木を林に植える

以前の研究で、ホンシメジの栽培をこの方法により成功させることができました。ホンシメジは、生長が早いため土壌に栄養分を加えた培地を用いて接種のための菌の塊をつくることができましたが、バカマツタケは無菌的な条件では月に数㎜〜十数㎜しか生長しない上に土壌中の雑菌にも弱いことから、山で接種するための菌の塊をつくることが大きな課題となりました。

そこで、菌糸が伸長する培地にできるだけ養分を含まない基材を用い、短期間にバカマツタケ菌糸が基材に蔓延するように培養方法も工夫することで、林地での接種に利用できる菌糸の塊をつくることができました。

林地での接種手順は下の図のとおりです。菌糸がまず取り木の根に入り込んで勢いをつけたのち、周囲の土壌・樹木に感染を拡大させます。

接種の方法

取り木苗

コナラ
ウバメガシ
など

培養した菌の塊
（6×6×2㎝）

バカマツタケが発生していないが、適した環境の林地に穴を掘る。出てきたコナラなどの根の付近に、取り木と菌の塊を置いて土を埋め戻す

接種後1年半でキノコが発生

11月に接種すると、翌年7月には植え込んだ場所のいくつかから、キノコの発生場所である「シロ」のように菌糸が地上を覆う様子が確認できました。シロのような菌糸が見られた場所の取り木苗を掘り上げてみると、取り木苗に接して埋め込んだバカマツタケの菌糸の塊から、シロのような構造が広がっている様子が観察されました。

さらに3カ月後の10月に観察したところ、1つの接種場所で大きなシロが形成されているのを確認しました。シロの一部を持ち帰り調べたところ、バカマツタケであることがわかりましたので、半月後もう一度観察したところ、バカマツタケの子実体（キノコ）の発生が確認されました（下の写真）。

7月に観察した2カ所のシロは掘り取ってしまい消滅しましたが、このほかにもシロ状の菌糸の広がりが認められバカマツタケのDNAが検出された接種場所がありますので、成功率は比較的高いと考えられます。

今回は子実体の発生が1例のみでしたが、今後実施箇所数等を増やしてゆき、バカマツタケの人工栽培を完成度の高い技術にするとともに、いまだ人工栽培されていないキノコ、たとえばマツタケ栽培などに応用していければと考えています。

現代農業２０１８年９月号

表面の有機物をはぐと、直径約90㎝のシロが現われた（点線部）。シロの右上に子実体が発生。菌の塊と取り木苗を植え込んだのは矢印の位置

土の中からマイタケがニョキニョキ。収穫に喜ぶオーナーたち

売れるマイタケホダ木のつくり方大公開！

年間7000個をつくる集落より

秋田県大館市●赤坂　実

原木マイタケに血が騒ぐ

大館市山田集落は206戸、640人（2017年3月末）が住む中山間地の農村地帯。三方山に囲まれており、目的がなければ人が入ってこない集落です。過去には、スキーカーニバルを開催して域外から2000人近い選手・観客を集めていましたが、過疎化が進み高齢化率は41％を超えて、現状に危機感を抱いていました。

そんななか、09年度に秋田県と持った座談会をきっかけに、国、県、市の援助を受けて地域活性化活動を行なうこととなりました。この活動の柱となったのが、160haの集落所有林と、周辺町内会でつくる400haの入会地所有林の有効活用でした。その方法の1つが、原木マイタケを中心としたキノコ栽培です。

広大な広葉樹林は再生可能な資源であることと、地域内では昔林業に携わった人も多いこと。キノコ栽培を通じて地域コミュニティ活動も行なえ、一人一役を担えること。さらに、天然物に近いマイタケが採れる栽培方法があるとなれば、地域住民の血が騒ぐに違いありません。県林業研究研修センターの指導を受けて、マイタケ栽培の座学研修、実地研修を行ない、11年冬から現在に至るまで、伐採・玉切り、煮沸・植菌、埋め込みなど、すべて住民による共同作業で行なってきました。

原木マイタケのつくり方

▼冬に伐採・玉切り

マイタケの原木にはナラの木を使います。休眠期である12～1月に伐採し、長さ15cmに玉切りします。後で培養袋に入れるため、径は15～20cmがベストです。生えている木はすでに50年生を超えており、太い径は縦に2分割、4分割の割材にします。集落から5kmほど奥地の沢沿いで行なうため、陽が入らず、まさに厳冬期を肌で感じる作業になります。

雑菌対策①　ドラム缶で5時間煮沸

マイタケ菌は、ペニシリウム菌（もちに出る青カビ）やトリコデルマ菌など自然界の雑菌、人の雑菌にとても弱く、これらの雑菌対策がマイタケ栽培の最大の難所になります。

生のナラの木自体にも雑菌がいるため、まず熱湯で5時間煮沸して、原木を無菌状態にしなければなりません。高圧殺菌釜や常圧殺菌釜を使えば簡単にクリアできる作業ですが、いかんせん、資金が脆弱なため1個2000円のもともと安価なドラム缶を再利用することになるのです。

焚く廃材ならば山ほどあります。火焚き当番を設けて5時間煮沸したら、煮えたぎるドラム缶から原木を取り出し、バイオポット（森産業の培養袋）に素早く入れてセロハンテープで仮止めします。冬場で雪の積もったなかでの作業なので空中雑菌は少ないのですが、ゼロではありません。まして火を焚くことでドラム缶周りの雪解けが進み、土が露出して雑菌が飛散し、煮沸した原木に菌が付着しては元も子もありません。土は雪で覆いながら、素早く作業します。

雑菌対策②　雪室で植菌、雑菌はほぼゼロ

一晩おいて20℃くらいまで原木の温度が下がったら、マイタケ菌を振りかける植菌作業に入りますが、これが最も神経を使う作業になります。

植菌を行なう部屋は無菌室でなければなりません。最初の年は無菌室づくりに失敗し、雑菌発生率は30～50％にもなりました。

雪の上は雑菌が少ない。ならば雪の中なら雑菌はもっと少ないのではないか？　そこで雪室をつくって植菌室代わりにしたところ、ほぼ雑菌はゼロ。雑菌発生率は5％以内になり、人からの付着を防止すれば十分な施設であることが証明できました。

植菌作業をクリアすればマイタケ栽培は8割方成功といえますが、マイタケ菌がうまく付着したかどうかが判明するのは、植菌3～4カ月後です。

▼7月中に埋め込む

植菌後の培養室は、とくにいりません。冬場に凍結せず、ホコリに埋もれず、直射日光が当たらない、そんな物置で十分です。原木に振りかけたマイタケ菌は、時間とともに白色に進み、さらにだいだい色、こげ茶色になる頃には原木の芯部までマイタケ菌が入り込んでいます。ここまで約6カ月を要します。この段階でホダ木の完成といえるでしょう。

ホダ木は7月中に土に埋め込むと、その年の秋にマイタケが発生する可能性が高まります。埋め込む場所は広葉林の山、スギ林の林縁、雑草地、庭木の根元、大型のプランターなど。粘土質が強くなければ土の種類は選びません。農薬や化成肥料が効いている場所は避けます。

8月の暑い時期にマイタケ菌は菌糸を伸ばし、夜温が18℃を切る日が7～10日続くと、豆粒大のマイタケの幼芽が出てきます（大館地方では9月15日頃）。その後、雨量や温度にもよりますが、10日くらいで収穫できます。一度埋め込んだホダ木からは、土に返るまでの5～6年間、とくに手間をかけなくてもマイタケが発生します。

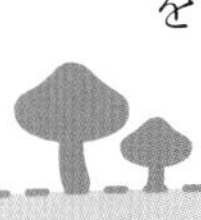

12～1月　伐採・玉切り

気温は－10℃、休眠期のナラの木を伐る。集落の栽培希望者用のホダ木3000～4000個をつくるには、長さ90㎝の材で約1000本が必要

1～3月　煮沸・植菌

雪上にドラム缶を並べ、中に割材を入れて5時間煮沸して殺菌する。引き上げたらすぐ培養袋に入れて口を仮止めし、雑菌侵入を防ぐ

雪室をつくる。支柱を入れて内側はテント張り

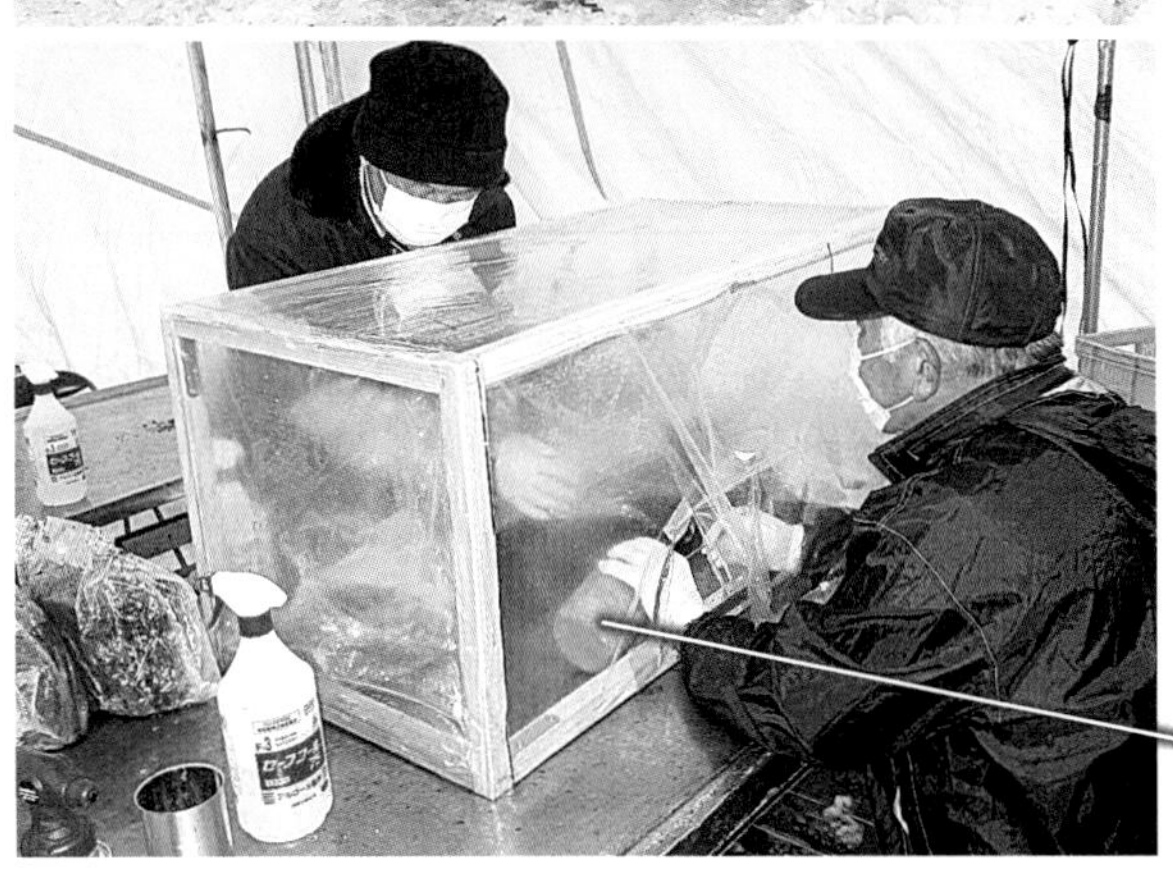

一晩おいて冷ましてから、雪室で植菌。エタノールを全身スプレー。小さな無菌室もつくり、肘から先だけ入れて作業。1人が袋の口を開け、1人がスプーンでマイタケ菌を振りかけ、素早く閉める

マイタケ菌。800㎖の瓶（オガクズ入り）で950円、ホダ木30～35個分

ホダ木販売、オーナー制も人気

集落では毎年40～60人がマイタケ栽培を希望し、その者たちで共同作業を行ない、まず約3000～4000個のホダ木をつくります。植菌が終わったら1人につき50～70個を無料配布するしくみで、村中がマイタケ栽培地の状態になっています。

このほかに、自治会の活動分として有志（日当有）で1000～3000個のホダ木をつくっていて、市価の半額以下の1個800円でのネット販売や、栽培指導を兼ねた即売会（地元紙で告知）をしています。

さらに、集落の裏山で原木マイタケの収穫が体験できるオーナー制度も行ない、毎年50区画前後の申し込みがあります。1区画5000円でホダ木10～13個を埋め込み、出てきたマイ

3～6月　ホダ化

数カ月後のホダ木。雑菌が入らず菌がきれいに回っている。培養袋には空気穴があるので、埃っぽくない所に置く

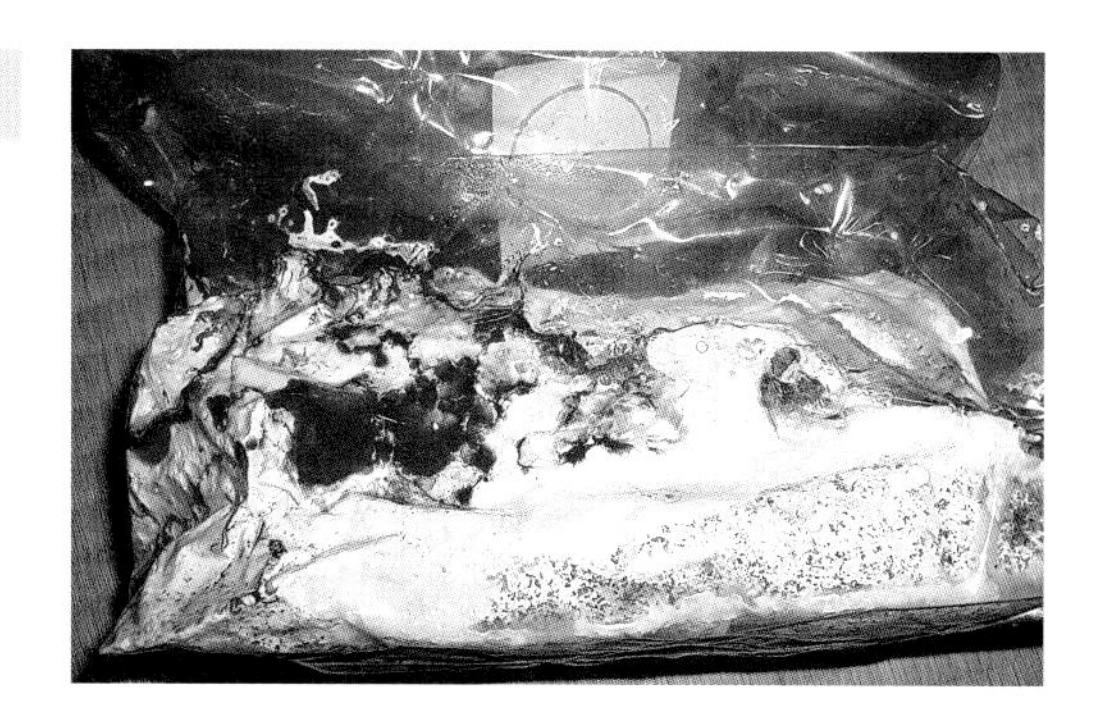

7月　埋め込む

培養袋は全部はがす。ホダ木を密着させて埋め込むと、大きい株が出る

8月、日照りが続くと水をかける。この時期に菌糸が伸びるが、「雨マイタケ」と呼ばれるほど水分が必須。風の通り道や直射日光が当たる所は防風ネットや遮光ネットで覆っておく

9月　出芽・収穫

15日頃に土から豆粒大のマイタケの芽が出る。触ると生長が止まるので息も吹きかけないよう気をつける。下旬頃に収穫。茎が太く、しゃきしゃき感や旨みは天然ものに劣らない

1株1.8kgの大物も!

タケはすべてオーナーさんのものになるしくみです。秋、初めて見る原木マイタケに、みんなの歓声があがります。

原木露地栽培キノコは、マイタケ・シイタケ・ナメコなど、どれをとっても収穫量では安定性に欠けますが、食感など、おいしさの点では「世界が違う」といっても過言ではないと思います。

現代農業2017年11月号

原木ナメコのオーナー制で里山遊び＋里山再生

山形県真室川町●小野喜栄

山に入りたい人は意外に多い

日本中どこにもあるような、面積の70％以上が森林という真室川町に住んでいます。青年期を過ぎた友達同士で昔話をしているうちに、わが家わが村には使っていない里山がある、山で遊ぼう！　と意気投合しました。当時わが家の里山はジャングル状態。でもそこは、山の子。チェンソーを使い、木を倒します。すごく楽しい。この楽しさを多くの人に体験してもらいたい。そこで気軽に参加してもらって収穫体験もできる、土地を丸ごと貸し出す「オーナー制キノコ園」を考えつきました。

　新聞で参加者を募ると、想像以上に多くの人が里山に来てくれました。これを機に有志8人で2004年に「真室川キノコ山菜研究会」を発足させ、本格的にお客を呼んでの里山遊びが始まりました。

原木ナメコだから複数年契約

1区画は500㎡（20×25ｍ）。オーナーは立ち木を自由に利用できるしくみですが、主な活動は区画内のナラやクヌギなどを使っての原木ナメコつくり。わが真室川は原木ナメコの里なのです。キノコ栽培講習を開催し、1区画につき原木10本分をつくります。春に木を切ってホダ木に菌を植え付け、秋に収穫体験をしてもらいます。

　現在は20区画を用意。年間1万円、3〜4年の複数年で契約書を交わします。オーナー料の半分は地主（3人）に支払い、残りは研究会の活動費にします。

　複数年にするのは、原木ナメコは植菌した年に発生させるのが難しいためです。ただこれだけですと1〜2年目はただの労働になってしまいますし、オーナーの足も遠のいてしまいます。そこで、マイタケの廃菌床を5個プレゼントしています。置いておくだけでその年の秋からすぐに収穫でき

春、長さ90㎝のホダ木にドリルで穴をあけてナメコの種駒を打ち込み、後に地面に伏せる。本格的に収穫できるのは3年目の秋からだが、5～6年とれる。5～10℃の日が続く秋口に発生する

るので、1年目から楽しんでもらえます。

食材をご購入いただいて山で一緒に調理

また、春は山菜、秋はキノコや秋野菜を使ったおいしい郷土料理のレシピを紹介し、山で一緒につくって楽しみます。これが目的で来るリピーターも多いのです。

料理を提供しておカネをとるには許可が必要ですが、「レシピ紹介」なら大丈夫。地元の野菜や里山の水で育った特別栽培米などをその場で販売し、オーナーたちには食材としてお買い上げいただき、みんなで調理します。農林業は一体です。

このように、里山を楽しく遊んで、多くの人に続けて足を運んでもらえるような仕掛けを考えています。

チェンソーの資格を取得

オーナー制を続けていくために、われわれ研究会メンバーも、植菌方法やホダ木の管理を学んだり、早くナメコが発生する短木栽培を試したり、専門家を呼んで栽培のアドバイスをしてもらったりと、うまくキノコをつくる努力をしてきました。

また、日々の山の整備やチェンソーを使うような危険な作業をより安全に行なうため、チェンソーの資格もとりました。オーナーのなかにもチェンソーを扱える人がいますが、一度講習会を受けたり保険に加入してもらってから作業してもらうようにしています。

手つかずのスギ林を見本林にキハダの森もつくった

地元の人たちに里山へ関心を持ってもらうことも大切なことと考えます。

そのために、研究会では手つかずだったスギ林で下刈りや間伐をして、見本林を2・3haつくりました。林床は原木ナメコのホダ場として利用しています。見るからに美しい林を目の当たりにし、経済活動に結び付くことがわかると、山主たちも山に行こうという気になってきます。おかげで最近は、間伐材をトラクタで搬出し、隣町で売る人も出てきました。

研究会の中長期的な活動として、キハダの森づくりもしました。キハダが幼いうちは林床をワラビ園として利用し、ある程度大きくなったら養蜂でキハダのハチミツを収穫。成木になったら皮を販売する計画です。

川上の里山だけでなく、川下の生活圏まで、環境をよくしていくことが大事です。今後も再生産可能な資金を得ながら、地域みんなで楽しく活動していきたいと思います。

現代農業2017年11月号

短木栽培。ナメコ菌と米ヌカなどを練ったものを、長さ 15cmのホダ木でサンドして、ガムテープとヒモで固定。後に分割して、菌の付いた面を上にして地面に伏せる。1年目からキノコが発生し、2～3年とれる

山採りキノコが人気の直売所

キノコ鍋用、洋食向きから通好みまで100種類超!

山梨県鳴沢村「山物市場」●渡辺良司

山採りキノコは山菜より難しい

「山物市場(さんぶついちば)」は父と母が始めた直売所で、最初は山中湖のほうにあったんですが、僕が小学3年生のとき、今から30年ほど前に、現在の河口湖の近くに移ってきました。現在は僕たち夫婦が引き継いで、春は、山で天然の山菜を採って販売。夏は、畑でとれるトウモロコシを中心に、有機野菜やプラムも栽培して販売。そして秋は、山で天然のキノコを採って販売、というスタイルの個人経営直売所です。

同じく山で採るものでも、キノコが山菜と比べて難しいのは、前年には出ていたはずのところでも、タイミングを逃すと痕跡さえ残っていないということです。まず、他の人が採った後だと見つからない(笑)。それに誰も採らなくても、すぐに腐って形が見えなくなってしまいます。食べられる適期を過ぎ、まだキノコの形がわかる期間を入れても1週間ほどしかありません。

毎年採れるポイントかどうかは、適期をはずすとわからないので、あらかじめ標高とその年の天候からいつ出るか予測を立てて採りに行きます。毎年、新しいポイントも探したいので、目当てのキノコが出そうな林を見つけたら、同じように予測して出かける。同じ山梨県内でも甲府のほうとか、長野県にも足を延ばします。

レストランが国産天然キノコを求めていた

20代の前半までは東京で板前の仕事をしていました。だから家に戻ったのも、当初は農家レストランをやりたいと考えたからでした。それが変わったのは、20代の後半にヨーロッパを旅したのがきっかけです。

父と母が山物市場をやっていたので、こういう個人経営の直売所がヨーロッパではどうなっているか見たい、というのが旅の目的の1つでした。行ってみると、個人の直売所が集まったようなマルシェ(市場)があちこちにあるし、キノコ専門店のような直売所もありました。ヨーロッパは、食材としてのキノコの比重が日本より大きいんですね。栽培ものも天然ものも日本人よりたくさん食べます。

当時すでに日本でも、イタリア料理が普及したりして、洋食では天然キノコがよく使われていました。でもほとんどが輸入品。父母に負けず、自分も山でキノコを採るのが好きだったので、山採りキノコが洋食屋さんに売れるんじゃないかという気持ちになりました。

実際、始めてみると、国産の天然キノコを使いたいというレストラン関係者が多か

山物市場の夏の販売の柱はトウモロコシ(フルーツコーン)。3haの畑に今年は7品種を栽培。店は、河口湖ICで降りて、本栖湖、富士宮方面へ向かう国道139号線沿い(編)

秋には約100種類の山採りキノコが並ぶ。大きめの透明パック（24㎝×17㎝）1パックが、種類によって1000 ～ 2000円

ったんです。使いたいけれども、どんな種類があるのか、どこで採れるのかもわからない。そういう料理人の間で、山物市場が口コミで知られるようになりました。現在では、店から宅配便でキノコを送るレストランが、東京をはじめ、名古屋、関西方面などの各地に約50軒あります。

キノコの出方は樹種や樹齢で変わる

春や夏に採れるキノコも4～5種類ずつありますが、天然キノコのシーズンは秋です。秋に店に並ぶキノコは100種類以上

キノコの盛り合わせ用キノコの例（4種類）

はあるでしょうか。

天然キノコはマツタケと同じように菌根菌で増えるタイプが多いので、栽培はできません。これらが出やすいのは、木漏れ日が入り風通しのよい、尾根に近い斜面。そこに生えている樹種によってキノコの種類が違ってきます。

マツタケはアカマツの根元だし、アミタケもアカマツ林の地面に出ます。タマゴタケは針葉樹でも落葉樹でも出ます。たとえばモミやナラなどの根元で、下草がないきれいなところ。アカヤマドリはナラの木の根元が多いですかね。

アカモミタケとオオモミタケは、名前のとおりモミの木の下。ただし、これは僕の持論ですが、アカモミタケは若いモミの木に出るのに対して、オオモミタケは樹齢50年以上の大木の林のほうが出がよい。

木が若いかどうかでいうと、マツタケは老木よりは20年生くらいの若い勢いのある木のほうがいいと聞きます。だから、マツタケが昔に比べて出なくなったのは、アカマツの木の勢いがないからだという人がいますよね。

また、標高でいうと、アカマツは標高1500m以上のところには自生しないんですが、その代わりに高冷地に生えるコメツガの下には、コメツガマツタケという珍しいマツタケが出ます。

これらの販売するキノコは、自分で採りにいくほか、趣味の延長のような形で手伝ってくれる協力者が5人います。

おいしいキノコは？

キノコの売り上げは年に200万～300万円くらいでしょうか。店頭で一番よく売れるのは「キノコの盛り合わせ」。時期によって変わりますが、5～14種類のキノコをミックスしたものです。これに入れるのは、タマゴタケ、ナラタケ、ハナイグチ、ショウゲンジ、アカヤマドリ、オオモミタケなど。苦みがなく、誰でもおいしく食べられるようなキノコをミックスしています。秋らしく、キノコ鍋を楽しんでもらうにもピッタリです。

反対に好みが分かれるのは、サクラシメジ、ウラベニホテイシメジ、クロカワ。山梨県内でも甲府の人は、「山のキノコは苦みがないとおいしくない」といってこの3種を好みます。サクラシメジやウラベニホテイシメジは、シャキシャキして歯ごたえがいいのは確かですが、僕はこの苦みにはえぐみも感じます（笑）。通好みのキノコです。

天然キノコをよく使うイタリア料理やフランス料理に比べると、一般に和食で使われるキノコは特定の栽培キノコに限られているイメージがあります。でも、甲府の人が苦い天然キノコを好むように、本当は郷土料理などとともによく食べられてきたキノコが地域地域にあるのではないでしょうか。僕は、これからそういう地域性のあるキノコの食べ方をもっと知りたいと思っています。

現代農業2018年9月号

筆者おすすめの キノコの特徴と食べ方

ナラタケ……………だし汁がおいしく、食感がシャキシャキしている。
タマゴタケ…………生でも食べられ、味が濃厚。パスタやリゾット、シチューなどに。
アミタケ……………ぬめりのあるキノコで、大根おろしで和えたり、汁物にするとおいしい。
アカヤマドリ………味が濃く、パスタやリゾットに合う。傘と柄で食感が違う。柄はソテーしてもおいしい。
オオモミタケ………大型のキノコで山のアワビといわれている。ソテー、天ぷらなどに。
コメツガマツタケ…コメツガ（米栂）の木の根元に生える甘みの強いマツタケ。珍しい！

知らなきゃ損！キノコの愉しみ

シイタケ嫌いが好きに変わる

干しシイタケたっぷりレシピ

大分県豊後大野市●原田とも子

特産のシイタケをおいしい料理に

2000年、主人の定年とともに、故郷である豊後大野市に帰ってきました。「大分の野菜畑」といわれる豊後大野市ですが、他にも干しシイタケ、豊後牛、豊の軍鶏（しゃも）など、たくさんの特産品があります。シイタケは全国的にも有名で、私たち夫婦も長年原木を伐り、寝かせ、駒を打ってつくっていたので思い入れがあります。

こうした特産品には、価格に見合わず処分されるものもあります。特産品をたくさん活かしたおいしい料理で多くの人に喜んでもらいたい、特産品の消費を増やして生産者を応援したい。そうした思いから、03年に農家民宿「徒然草（つれづれくさ）」を始めました。自分でレシピを開発したり、料理教室も開いたりしています。

苦手な人も食べられるように工夫

料理教室ではまず、干しシイタケを風味よく戻す方法を教えます。冷蔵庫で一晩かけて水で戻すのが一番です。最初のうちは苦みや汚れが多く溶け出すので、料理に戻し汁を使う場合は、30分ほどで新しい水に替えておきます。丁寧に戻すとクセがなくなり、苦手な人も食べやすいシイタケになります。戻した後は、低温蒸し（70℃、30分）で下ごしらえすると、旨みを十分引き出せます。

「戻すのが面倒」という人には、干しシイタケをミキサーやコーヒーミルで砕いて、シイタケ粉として利用する方法もおすすめです（シイタケボール、お好み焼き、ケーキなど）。粉なら独特の食感が消えて食べやすくなります。

「ニオイや味にクセがある」という人には、味付けや調理法でクセをカバーした料理を紹介（シイタケジャム、ピリ辛シイタケなど）。苦手な人にも食べてもらえるよう、工夫しています。

できた料理は教室の皆で食べたり、民宿で提供したり。評価を次の参考にしています。あるとき、徒然草に泊まった子どもがシイタケの塩焼きそばをバクバク食べ、「おばちゃんこれおいしいね」と言ってくれました。私にとって、何よりのご褒美でした。

食べた人や生産者の笑顔を目指し、私のチャレンジはまだまだ続きます。

現代農業2018年9月号

筆者（69歳）。長崎県の調理師専修学校で料理を学び、卒業後は1年間和食の料理家に師事した。現在、イネや無農薬野菜をつくり、宿で提供している

エグミなし＆粉で旨みアップ

干しシイタケの塩焼きそば

シイタケ粉や戻し汁まで使うので
シイタケ風味たっぷり。人気の
塩焼きそばに、十分に引き出さ
れたシイタケの旨みが加わった
一番の自信作!

材料（1人分）

焼きそば麺……………………………1玉
鶏もも肉………………… 50g（2㎝角）
ニンジン……………… 1/4本（短冊切り）
干しシイタケ……………………………5枚
（丁寧に戻して薄切りにしたもの）
キャベツ…………………………………2枚
モヤシ………………………………1/2袋
ゴマ油……………………………………適量
カボス（またはレモン）の搾り汁……小さじ1

A
- シイタケの戻し汁…………大さじ2～3
- シイタケ粉……………………小さじ1/2
- 昆布だしの素…………………小さじ1/2
- ガラスープの素………………小さじ1/2
- 塩………………………………小さじ1/2
- コショウ…………………………………適量
- ニンニクのすりおろし…………………適量

つくり方

❶麺をレンジで2分間加熱する
❷火をつけていないフライパンにゴマ油をひいてから麺をのせ、中火にかける
❸麺を裏返し、フライパンの空いたところで塩・コショウした鶏もも肉、シイタケ、ニンジンを炒める
❹キャベツ、モヤシを入れて全体を混ぜ、シイタケの戻し汁を麺に回しかけ、ふたをして強火にする
❺水気がなくなったら、Aを混ぜ、ゴマ油を回しかけてできあがり。好みでカボス汁をかけて食べる

傘の開ききらないうちにとった肉厚の冬菇（どんこ）。干しシイタケには、他に少し傘が開いた薄めの香信（こうしん）などがある。食感を楽しむ「塩焼きそば」などには冬菇が、パリッと揚げたい「ピリ辛シイタケ」には香信がおすすめ

シイタケだと気がつかない!?

シイタケジャム

材料

戻した干しシイタケ………… 150 g
水……………………………… 1カップ
コンデンスミルク…………… 130 g
ココア……………………… 大さじ3
砂糖………………………… 大さじ2

つくり方

❶シイタケと水をミキサーにかける
❷❶と残りの材料を鍋に入れ、好みの硬さになるまで煮詰める

ココアの香りが強く、シイタケのニオイが苦手な人におすすめ。パンやクラッカーにつけて食べるとおいしい

ビールのおつまみにピッタリ

油でニオイをコーティング

ピリ辛シイタケ

材料（1人分）

戻した干しシイタケ………………… 200 g
漬け汁
- しょうゆ………………………1/3カップ
- みりん…………………………1/3カップ
- 酒………………………………1/3カップ
- 一味または七味唐辛子…………大さじ1

片栗粉、揚げ油………………………適量

つくり方

❶シイタケは水分を切り、5mm幅に切る
❷漬け汁を鍋に入れて加熱し、アルコール分を飛ばす。❶を30分漬ける
❸水気を絞り、片栗粉をつけ、180℃でカラリと揚げる

おやつ感覚で子どもにおすすめ

シイタケボール

材料（10個分）

ホットケーキミックス… 150 g
シイタケ粉………………… 10 g
卵……………………………… 1個
牛乳………………… 1/4カップ
サラダ油……………… 大さじ1
揚げ油……………………… 適量

つくり方

❶油以外のすべての材料を混ぜ合わせ、10個に丸める
❷180℃の油できつね色に揚げる

ホットケーキミックスの甘い香りで、シイタケのニオイが気にならない。シイタケジャムを入れるのもおすすめ。炒めたベーコンを生地に入れるとワインにも合う。たこ焼き器で焼いてもよい

ぷりぷり、ガッツリ

生シイタケ満腹レシピ

柄はスライスして炒め、シイタケバーガーに添える

パンの代わりにシイタケでサンド

シイタケバーガー

群馬県富岡市・佐藤元信

シイタケ料理はすべて食べ尽くした！と豪語する方におすすめなのが、インパクト大の「シイタケバーガー」。柄を切ったシイタケを弱火でじっくり焼き、マグロや肉、野菜を挟みます。食べごたえ十分ですが、低カロリーのシイタケだからとってもヘルシー。お酒の席で振る舞うと驚いてもらえます。

まるでポルチーニ⁉の間引きシイタケ

ポルチー似シイタケ

間引いたシイタケの形が、イタリアの高級キノコ、ポルチーニに似ていたので「ポルチー似シイタケ」と名付けて販売。石づきを除去すれば丸ごと使えます。傘はコリコリ、柄はシャキシャキ。大きく育ったシイタケよりも旨みが濃厚です。

煮ても焼いてもOK。切らずにそのまま調理できるので便利。ベーコンで柄を巻いて焼くとボリュームも出てお弁当にもピッタリ

「ポルチー似シイタケ」は商標登録済みの名称です

タコ代わりのシイタケは1cm角にカットし、軽く炒めておく。
生地にシイタケ粉末を混ぜている

タコに勝るぷりぷり感

しいたけ天ケ瀬焼き

大分県日田市・木村紘一

天瀬（あまがせ）町で、シイタケ狩りの観光農園を経営しています。収穫したシイタケをその場で味わってもらうために、タコ焼きのタコの代わりにシイタケを入れる「しいたけ天ケ瀬焼き」を考えました。タコよりぷりぷりしてる！と評判です。当地のユズを使っただしにつけて食べるのがおすすめです。

肉厚で歯ごたえ抜群＆濃厚

シイタケかつ丼

新潟県南魚沼市・高野将宏

「肉の代わりにメインになる料理を！」と考えて、豚肉を使ったトンカツの代わりに、肉厚なシイタケカツをのせた「シイタケかつ丼」を開発しました。すき焼きやステーキなども試作しましたが、衣がだしをたっぷり吸ったシイタケカツは、とくにおいしいです。

品種は肉厚な「天恵菇（てんけいこ）」で、歯ごたえも抜群

どーんとごちそうになる、シイタケ丼（撮影・調理小倉かよ）

シイタケ農家の定番メニュー

シイタケ丼

新潟県上越市・西川小夜子

シイタケ丼は肉そぼろ丼のバリエーションのよう。シイタケの味と食感がごはんとよく合い、おいしい。お弁当に持たせようと思う。

キノコ類は火を通すとカサが減る。これだけのシイタケがご飯にのっていて、本当にごちそうだ。

材料（2人分）

シイタケ細切り…………………………300 g
豚ひき肉………………………………100 g
小ネギ（小口切り）…………………適量
ショウガ（みじん切り）……………適量
きざみ海苔……………………………適量
調味料A［醤油…………………………小さじ2
　　　　　砂糖…………………………小さじ2
調味料B［醤油…………………………大さじ2
　　　　　砂糖……………大さじ1と1/2
卵黄……………………………………2個
白飯……………………………………適量

つくり方

❶フライパンでショウガのみじん切りを油（分量外）で炒め、香りが出たらひき肉を炒め、調味料Aで味つけする
❷一度皿に❶をあけ、フライパンに油を足し、シイタケを炒め、調味料Bで味つけする
❸どんぶりに白飯を盛り、上にきざみ海苔をふり、豚ひき肉を盛る
❹どんぶりの中央に卵黄を落とし、その周りにシイタケをたっぷりのせる
❺仕上げにネギを散らす

いつも脇役になってしまうシイタケをどうやったらたっぷり食べることができるかいろいろ考え、このメニューが生まれました。つくってみたら子どもから大人まで大好評で、みんな喜んで食べてくれました。それ以来、シイタケ栽培を営むわが家の定番メニューです。

シイタケや卵黄はぜひ新鮮なものを使ってください。シイタケは茎までまるごと使えます。

もし肉厚なシイタケに出会ったら、マヨネーズ焼きもぜひつくってみてください。お酒のおつまみにもおススメです！

レシピでは卵黄を使いましたが、温泉卵にしてもおいしいですよ。


（エス・エヌエージェンシー）

現代農業2005年9月号

シイタケのマヨネーズ焼き

つくり方

❶シイタケの茎を小口切りにして、マヨネーズとだし醤油で適当にあえる
❷シイタケのかさに❶をつめ、あらびきコショウをふる
❸トースターでこんがり焼く

中野の代表的なキノコ・エノキ、シメジ、エリンギ

キノコ産地の健康レシピ

ガン発生率が低いのはキノコのおかげ!?

長野県中野市から　●編集部

おいしいから食べてほしい

日本一のエノキに始まり、シメジにエリンギ、ナメコ、新顔のバイリング…と、キノコの里として知られる長野県中野市。

最近は、大手業者が大量生産したものをスーパーでよく見かけるが、やまびこしめじ部会長の勝山裕二さんによれば「こっちは味が違う。味のいい種菌を使っているし、食べ比べたらすぐにわかる」と違いを強調する。

奥さんの博子さんも「絶対においしいっていう自信を持ってつくってますから。実際、おいしいですよ。私もシメジ大好きだから、味噌汁、天ぷら、スパゲティ、シチューにカレーと、何にでも入れて毎日食べてますよ」。

今回は、そんな農家の自信作・キノコをたくさん食べられるレシピをいくつか紹介（114、115ページ）。どれも気軽にたくさん食べられるものばかり。

最近は夏のメニューが充実してきたとか。博子さんによると「キノコっていうと、鍋物とか秋から冬の食材というイメージがあるでしょ。でも、夏はキノコの値段が比較的安くなることだし、どんな食材とも相性がいいし、いろんな食べ方ができるので、年間を通してたくさん食べてほしい」からだ。

そこで、昨年、JA中野市と市の「売れる農業推進室」とが中心になって、「わが家の料理大集合――キノコ料理コンクール」が開かれた。「特別な料理ではなく、年間を通して日常的に、たくさん食べられるものを」という趣旨のレシピが大集合。おかず・惣菜類だけでなく、「キノコ嫌いの子も食べた」というお菓子やデザートのレシピまであったとか。

シイタケ、マイタケ、ヒラタケ…　キノコ食の発ガン抑制効果

（群馬大学名誉教授・倉重達徳）

処置	マウスの数	発ガン数	発ガン率（%）
発ガン剤＋シイタケ	17	9	52
発ガン剤＋マイタケ	15	7	46
発ガン剤＋ヒラタケ	20	13	65
発ガン剤のみ	10	10	100

ネズミに発ガン剤を飲ませながらキノコを混ぜたエサを与えて飼育。半年後、解剖してガンの有無を調査。エサにキノコを混ぜなかったネズミは100%の発ガン率だったが、混ぜると低くなった。キノコを与えても発ガンしたネズミはガンの大きさが小さかった

健康にいいから食べてほしい

中野の人たちがこれだけ自信を持ってキノコをアピールするのは、味がいいからだけでなく、その健康効果がスゴイからだ。

えのき茸部会長の松島栄太郎さんも「キノコって農薬使わないし、これほど安全・安心、かつ健康にいいっていう食べものは他にないと思うよ。カロリーもないし、便秘の人なんかは絶対に食べてもらいたいよね」と話す。

ちなみに、中野市の青木一市長は身体が大きいぶん食べる量も多いそうだが、健康診断は「異常なし」。もともと歯医者で健康に気遣っていることもあるが、ふだんからキノコをたくさん食べるよう心がけているそうで、自ら中野のキノコの効果をアピールしている。

ホントにすごい　キノコの実力
――エノキ農家にガンは少ない

実際、キノコの健康効果を裏付ける、こんな研究データがある。

(社)長野県農村工業研究所が15年にわたって調査したもので、長野県全体とエノキ農家（エノキをよく食べていることが多い）のガンによる死亡率を比較。すると、エノキ農家のほうが4割少なかった。

また、エノキ農家と全国平均とで臓器別（胃、食道、気管支・肺、すい臓、子宮、白血病、肝臓）にガンの発生率を比較したら、エノキ農家の家庭のほうが発生率が低く、とくに、胃、食道のガンは半数以下だったとか。

このところ長野県は男性の平均寿命が沖縄を抜いて1位、女性は徐々に上がって3位にもかかわらず、老人医療費はもっとも低い。ガン死亡者も少ないという健康長寿県・長野にあって、エノキ農家のガン率がさらに低いというのは、ちょっとスゴイ。

普通のキノコがスゴイ

しかし、スゴイのはエノキだけではない。ネズミに発ガン剤と一緒にシイタケやマイタケ、ヒラタケを混ぜたエサを与えたところ、混ぜなかった場合よりもはるかに低い発ガン率だったという研究もある（図）。

キノコを食べると免疫力が高くなり、ガンに対する抵抗力（免疫）が強化されたようだ。もちろん、キノコは薬ではないからガン細胞を直接やっつけるような制ガン作

用はない。だが、副作用を気にする必要はない。

ガンでなくとも、普段から免疫を高めておくことは、万病を寄せつけないうえで重要なことだ。

キノコで健康!! というと高い薬用キノコを思い浮かべるが、普通に売られているキノコだって、すごいのだ。

現代農業2005年9月号

夏でもスルッと入る

冷しゃぶ風の野菜あえ

材料（2人分）

エノキ……………………………… 100g
シメジ……………………………… 100g
豚肉（しゃぶしゃぶ用）…………… 200g
ミョウガ……………………………2個
青シソ………………………………3枚
キュウリ……………………………1本
ニンジン……………………………1/3
ポン酢………………………………適量

つくり方

❶エノキ、シメジ、豚肉は熱湯でさっとゆでて、水にひたす
❷青シソはみじん切り、それ以外の野菜は千切りに
❸❶と❷の材料を混ぜて、ポン酢をかけていただく
※写真のように切ったトマトの上に盛りつけると彩りもよい

簡単、でも、ごちそう感たっぷり

キノコのマヨネーズ

材料（4人分）

エノキ・シメジ・エリンギ…………… 合計200g
マヨネーズ…………………………………適量
塩…………………………………………適量
コショウ…………………………………適量
とろけるチーズ…………………………適量

つくり方

❶キノコを食べやすい大きさに切り、皿に並べる
❷塩、コショウとマヨネーズをかけ、電子レンジで2分加熱する
❸とろけるチーズをのせて、チーズがとろけるまで、もう一度電子レンジで加熱

夏野菜とも相性ピッタリ

エノキとオクラのあえもの

材料（4人分）

エノキ…………………………………… 100g
オクラ……………………………………6本
きざみ海苔………………………………少々
おろしワサビ・醤油……………………少々

つくり方

❶エノキは石突を落とし半分に切り、熱湯でさっとゆで、ザルにあげて冷ます
❷オクラは小口切りにし、よく混ぜて粘りを出す
❸食べる直前にワサビ醤油をあえ、きざみ海苔をのせる

※ゆでたエノキに、マヨネーズとワサビを混ぜたものをあえたり、また、梅干しと醤油、みりんを混ぜた梅肉あえもおいしい

皿に材料をのっけて、チンするだけ

雪見厚揚げ豆腐キノコ風

材料（2人分）

エノキ……………………………………1/2袋
エリンギ………………………………… 小2本
厚揚げ……………………………………1枚
ニンジン…………………………………1/4本
ダイコン…………………………………1/4本
青菜………………………………………1～2枚
白髪ネギ…………………………………1/2本
2倍濃縮めんつゆ……………………… 10mℓ

つくり方

❶厚揚げは一口大の角切りにして皿に盛る
❷エノキを約5cmに切り、エリンギとニンジンもエノキと同じ細さに千切りにする
❸ダイコンをすりおろして、❷と一緒に❶に盛り付け、めんつゆをかけて、レンジで約3分加熱する

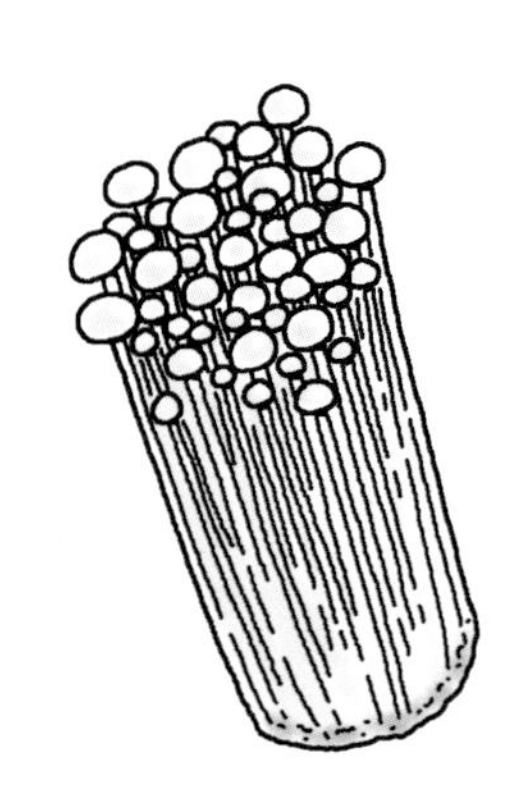

中性脂肪が減る「えのき氷」

JA中野市●市村昌紀

エノキタケを一年中食べてほしい

JA中野市はエノキタケの生産量が日本一です（年間生産量は約5万t）。しかしながらエノキタケの消費は冬場の鍋物需要が中心であり、1年を通じた安定した消費の拡大が販売における課題となっています。

機能性食品に対して関心が高まっている昨今、健康食品のイメージの強いエノキタケを原材料とした食品が開発できれば、年間を通じた消費拡大が期待できます。そこでJA中野市では、エノキタケをペースト状にし、煮詰めてから冷凍した商品「えのき氷」を開発しました。

これを考えたのが、キノコとともに人生を送られてきた、JA中野市の阿藤博文代表理事組合長です。エノキタケを毎日食べてもらうためには、手軽で保存がきく冷凍食品がふさわしいと考え、煮詰めて栄養を抽出して凍らせる方法を考案したのでした。

えのき氷で「便秘が治った」「やせた」

阿藤組合長は自ら味噌汁やカレーなどにえのき氷を入れて食べ続けました。すると3、4カ月で「体がほてる」「便通もいい」ことに気づきます。周囲にも試してもらうと、「便秘が治った」「やせた」「花粉症がよくなった」など続々と喜びの声が集まり、ついに平成25年5月から、えのき氷を本格的に作り始めました。

その後、えのき氷は口コミなどにより広がり、市内のキノコ生産者はもちろん、一般の家庭でも利用されるようになりました。

中性脂肪やコレステロールが減った

しかしながら、えのき氷のこのような効果に科学的根拠があるわけではありません。そこで、JAきのこ部会員からの拠出金をもとに平成23年6月から臨床試験を実施しました。

消費者約１００人を対象に、えのき氷を毎日3カ月間食べる人と食べない人に分けて血液を比較。動脈硬化や心筋梗塞、脳梗塞につながる脂質異常症を予防改善できるかどうかを確かめる試みです。試験は東京農業大学の江口文陽教授（当時高崎健康福祉大学教授）にお願いしました。

その結果、えのき氷を食べた後1カ月までは、血液検査項目に統計的有意差は確認されませんでしたが、聞き取り調査においては「便秘の改善」「むくみの解消」「冷え症の改善」などが報告されました。効果は2カ月目の検査から顕著に観察され、血中の中性脂肪、総コレステロール、総脂質、LDL（悪玉）コレステロールなどの値が下がりました（図）。いっぽう、HDL（善玉）コレステロール値は上がりまし

えのき氷を食べた人と食べない人の血液検査の結果

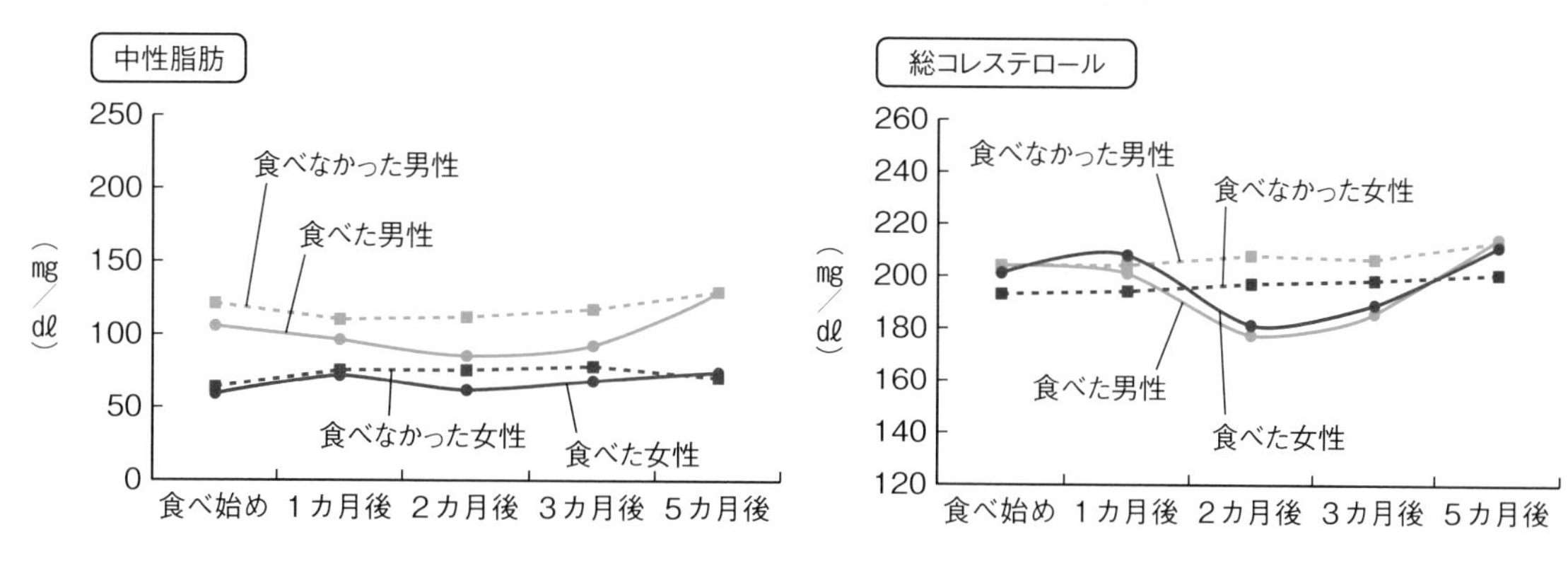

※ 試験の協力者はホームページなどで募集。健診データをもとに、脂質項目が高い値の方を中心に採用。
毎日1人3ブロックのえのき氷を味噌汁やスープに溶かして食べてもらった。なお、「5カ月後」は3カ月後に食べるのをやめて2カ月後

た。これらの結果から、えのき氷を日常的に食べると脂質異常症や動脈硬化の予防に効果があることが確認されました。

煮出して凍らせることでエキス抽出が増える

えのき氷は家庭で簡単にできます。エノキタケをミキサーでペースト状にして、煮出して製氷皿で凍らせるだけです。

エノキタケにはキノコキトサンという成分が多く含まれ、これが体内の中性脂肪やコレステロールを下げるといわれています。煮ることでこれらの成分が抽出され、凍らせることで細胞壁が壊れ、さらに抽出

えのき氷のつくり方

えのき氷

❶エノキタケ300ｇ（1袋半）は石づき（約1.5㎝）を除き、ざく切りにする。
❷エノキタケと水400㎖をミキサーにかけてペースト状にする（約30秒）。
❸鍋にペーストを入れ、沸騰させてから弱火で60分煮詰める（焦げつきに注意する。煮詰めると700㎖の材料は約500㎖になる）。
❹冷ましてから製氷皿に入れて凍らせる。
❺凍ったら製氷皿から取り出し、冷凍用保存袋などに入れて保存する。

青ネギと桜エビ入り卵焼き。えのき氷のおかげでしっとり

ビシソワーズ（ジャガイモとタマネギ、牛乳、バターをミキサーにかけた冷製スープ）。えのき氷によりコクととろみが出る

が増えると考えられています。

えのき氷は長期保存ができ、だしとして使えます。味噌汁やカレー、煮物に入れたり、野菜炒めに加えたり、どんな料理の中にも自由自在に使えます。

花粉症の改善効果も

えのき氷はテレビの情報番組においても放映され、キノコ全体の需要拡大に大きな効果をもたらしたものと考えています。今後は一時的なブームで終わることのないよう継続したメディア報道及び学会発表を精力的に進めます。

なお、えのき氷はヒト試験により、花粉症の改善効果についても確認されています。

JA中野市はこれからも産学連携による機能性実証試験などを通じて、キノコ全体の需要拡大を目指します。

（きのこ技術課）

現代農業2012年12月号

シシタケはお腹に効く

福島県鮫川村●松岡寿子さん

シシタケ（コウタケ）。秋口に、松の混じった広葉樹林内にでる。乾燥させてから炊き込みご飯にすると香りがいい（写真提供　きのこや）

「このあたりではシシタケは昔っからキノコの王様といって、急な子牛の下痢に使う漢方薬だったの」。松岡寿子さんは、シシタケ（一般名はコウタケ）の焼酎漬けを人間の急な腹痛の常備薬にしている。

牛でさんざん試してきたので効果はお墨付き。もちろん牛に使うときよりも量を減らす。大人なら大さじ1杯、子どもならひと舐め程度を飲ませると、軽い食あたりや水あたりに効果抜群。毒キノコを食べた人も焼酎漬けを舐めた次の日にはピンピンしていたらしい。これが評判になって、今では隣集落の人も松岡さんのお宅に焼酎漬けを譲ってもらいに来るそうだ。

ハエトリシメジでハエ退治

福島県鮫川村●岡部れい子さん

岡部れい子さんがハエ対策に使うのはたった1本のキノコだけ。

畜舎が近くにあるので夏になるとハエが家に入ってきてしまう。そこで頼りになるのが同じ頃、雑木林に出るハエトリシメジ。毎年父ちゃんがとってくるので、あぶって皿にのせ、ヒタヒタになる程度に水をはっておく。底の浅い皿を使って水の量を減らせば濃いエキスが出て「10匹どころでなく、真っ黒になるくらいハエが入って死ぬ」。皿の水を舐めたハエは、何故かパタリと死んでしまうのだ。

岡部さんのお宅ではハエトリ紙もクスリもまったく使ったことがないそう。

ハエトリシメジ。秋口にコナラの近くにでる。ハエには毒でも人間は食べられる。味噌汁にしてもおいしい（写真提供　きのこや）

畑のキノコで食べられるもの、食べられないもの

キノコの専門家に聞きました

山形県高畠町●島津憲一さん

「畑にキノコが生えてきたぞ！　もしかして食べられるのかな？　見るからにおいしそうだなぁ…。いや、危ない危ない。毒キノコかもしれないから放っておこう…。う～ん、でも、気になるなぁ」

畑でキノコとニラメッコ、果たして食べられるか食べられないか？　野生のキノコ、とりわけ毒キノコに詳しい山形県公立高畠病院の島津憲一さんに聞いた。（編集部）

――食べられる畑のキノコは？

まず、絶品はハルシメジでしょう。4～5月、アンズやウメなどの古木の周りに生える大型の菌根性キノコです。一度生えてくれば、次の年も近くに生えます。ニラメッコした末に、私のところに鑑定依頼してきた園主のところでは、100年生のアンズの樹の下に畳3枚分生えていました。

それから、ハタケシメジでしょう。9～10月、畑の山際や道端など、地中に木が埋まっているところから生えてくる腐生性キノコです。その木が地下10mにあっても、そこから菌糸を伸ばします。ホンシメジと同等においしいと思います。ハルシメジとハタケシメジは香り・味・歯触りなど、絶品のキノコです。

これら2つのキノコに比べると、ずいぶん格は落ちますが（横綱と前頭くらいの差かな?）、3番目はコムラサキシメジでしょうか。キノコらしい味のするキノコです。良質な堆肥がほどよく土と混ざった畑に年2回、7～8月と10月、一面に生えてきます。私のところでコムラサキシメジを知った農家が食べるようになりました。

ほかに食べられるキノコとしては、厩肥（チッソ分の高い堆肥）に生えてくるウシグソヒトヨタケや、生ゴミ堆肥（チッソ分の低い堆肥）に生えてくるイタチタケ・ムジナタケがあります。いずれも若いうちなら食べられますが、旨みに乏しいキノコです。それに、ヒトヨタケの仲間はアンタビユース作用（酒を飲んで食べると悪酔いする）があり、酒飲みには要注意です。

島津憲一さん

――食べられない畑のキノコは？

昭和61年10月、ブドウ園に生えていたキノコを食べた5人が病院に運ばれてきました。聞くと、園主は「ナメコが出た」と家

に持ち帰って豆腐汁にし、仕事を手伝ってくれた人にも振る舞ったそうです。しばらくして目まい、手足のしびれを覚え、吐物にウジ虫がウヨウヨ見えたり、大勢の声のお経が聞こえるなど幻覚も現われた。

調べたところ、ヒカゲシビレタケとわかりました。シロシビンという成分を1本当たり8㎎含み、神経に作用します。5人のうち1人が20本食べて間代性痙攣を起こし、危篤状態になりました。退院できたものの、酒を飲むと幻覚が現われる後遺症（フラッシュバック）が残りました。

昭和62年10月、ナス畑に生えていたキノコを食べた70～80代の女性3人が病院に運ばれました。聞くと、掘りゴタツに座っていたら、腰が溶けて下に引きずりこまれる感じがしたそうです。壁の小さな飾り雛が等身大の美人になって現われ、あまりにハッキリ見えたことから、最初は「目が治った」と思ったそうです。これはオオシビレタケでした。

いずれもワライタケと同様の麻薬キノコ（マジックマッシュルーム）の一種です。全国どこにでも生えていて、北に行くほど麻薬の含有成分が高くなるようです。致死性のキノコではないものの、神経をやられて後遺症が残る可能性があります。フラッシュバックが起こった拍子に幻覚に驚いて窓から飛び降りるなどして自殺することがあるようです。

なお、このブドウ園とナス畑にはモミガラが大量に施されていましたが、これらのキノコの発生とは因果関係があるようです。

食べておいしい畑のキノコ

ハルシメジ

ハタケシメジ

コムラサキシメジ

（山梨県森林総合研究所・柴田尚さん撮影。以下S）

食べられるが、おいしくはないキノコ

ヒトヨタケ

イタチタケ

(S)

──食べられるか食べられないか?

まず、絶対に見た目だけで判断しないことです。必ず見てもらってキノコを同定できる人にください。保健所で聞けば、近くで相談できる人を教えてくれると思います。毒キノコはだいたい食べて30分~1時間後に嘔吐、下痢、腹痛などの消化器症を起こすものが多いのですが、中には3日後に症状が現われて死ぬもの、触っただけで皮膚がただれるもの、手足に耐えられないほどの激痛が続くものなど恐ろしいものがあります。

ヒカゲシビレタケを食べて病院に運ばれてきた人は大声で笑っていました。でも、あとでその人に聞くと、目の前の看護師の顔がグニャーッと曲がって見え、必死に「助けてくれ」と何回も叫んでいたそうです。毒でアゴの筋肉がゆるんで言葉にならず、周りからは笑っているように見えたのです。ワライタケなどの幻覚毒キノコ中毒の笑えない事実です。

現代農業2005年9月号

食べるとあたる毒キノコ

ヒカゲシビレタケ

オオシビレタケ

(島津憲一さん撮影)

これだけは知っておきたい

毒キノコ3種

毒キノコの中には特徴がなかったり食用キノコとよく似ていたりして、見分けにくいものもある。とくに知っておくべきなのはこの3種。日本のキノコ中毒の約6割がこれらのキノコによるものだ。どれも秋に出て、食べると嘔吐や腹痛、下痢などを起こす。

ツキヨタケ

傘の径は10～20㎝

ブナやイタヤカエデなどの枯れ木に重なり合って発生する木材腐朽菌で、夜になるとぼんやり光る。ムキタケやヒラタケと間違いやすいが、柄（軸）と傘との間にムキタケやヒラタケには見られない黒いシミがある。

柄の付け根部分を縦に裂くと黒く見える

カキシメジ

傘の径は3～8㎝

雑木林やマツ林の地面に生える菌根菌。目立った特徴がなく、チャナメツムタケ、クリフウセンタケ、シイタケなど、多くの食用キノコと間違いやすい。

クサウラベニタケ

傘の径は3～8㎝。生長するとヒダがピンク色を帯びる

雑木林の地面に生える腐生菌。ホンシメジやハタケシメジ、ウラベニホテイシメジなどに似ており、キノコ採りのベテランでも見分けるのは困難。

食用かどうか確信が持てないときは、食べないように注意しよう。

●編集部

現代農業2018年9月号

家のまわりにも おいしいキノコがいっぱい

茨城県大子町●柳下満里子

母親仕込みのキノコ採り

子どもの頃、母親に連れられて、山へ行きました。暗いスギ林を通り抜け、明るい雑木林に出たあたりで、母親がキノコを見つけては採り始めました。私はこんなキノコがおいしいのかなと疑っていましたが、家に帰ってキノコ汁にして食べたら、とてもよい香りでシコシコしておいしいのでびっくりしました。

それからは何度もキノコ採りに行くようになり、最初はさみしくてイヤだなあと感じていた山の中が楽しい場所に変わりました。自分でもいっぱいキノコを採りたいと興味がわき、キノコの種類もいろいろ覚えました。

キノコというと、山で採るものと思いがちですが、じつは家の近くでも出ます。私は今では、庭先や土手などで四季折々、キノコを採っては楽しんでいます。

家の近くで採れるキノコ

6月 モモの下にハルシメジ

ワラビやゼンマイの収穫が終わる6月頃、家の近くの土手にあるモモの木の下あたりに、たくさんのハルシメジが出てきます。姿はこの地域でイッポンシメジと呼ばれるウラベニホテイシメジに似ています。

今年も80本ほど採れました。香りがよくシコシコした歯ごたえがあり、キノコ汁などにするとよいだしが出ます。この時期に採れるキノコは少ないので、ハルシメジを食べるたびに喜びを感じます。

初夏 マツの下にハツタケ

マツの木の実生が1本、土手に生えています。この周辺にいつからか、初夏になるとハツタケが出るようになりました。

ハツタケは傷をつけるとインクのような青緑色に変わるのが特徴です。歯ごたえはボソボソしていますが味のよいだしが出ます。けんちん汁などにして食べます。

筆者と夫。2人とも元会社員。今は直売農家。2011年の原発事故まではキノコも直売所に出し、かなり売り上げもあったが今は出していない（田中康弘撮影、以下Tも）

9月 切り株にナラノキモドシ、竹やぶにツチナメコ

9月頃になると、木の古い切り株などにナラノキモドシ（ナラタケの仲間）の傘が集まるように出てきます。

さらに続いて、竹やぶや庭先の木の下、土手などあちらこちらからツチナメコが出始めます。茶色で傘の下にツバがあります。味噌汁に入れて食べています。

11月 テンポナシの切り株にヒラタケ

11月末、霜が降る頃になると、天然のヒ

ラタケが出ます。濃い灰色でヒダは白色です。5~6年前、テンポナシの大きな古い切り株にいっぱい出てきたことがあります。切り株が見えないほどたくさん出たので、友人15人くらいにも分けてあげたら、とても喜ばれました。

ハルシメジ

モモやウメなどバラ科の木の下に生えるといわれるハルシメジ。香りがとてもよい。春、山菜を採るときに一緒に探す（T）

夏の雨でキノコは育つ

秋は、楽しみにしているキノコ採りの季節です。山に出かけていき、キノコを思う存分採ってきます。

山ではイッポンシメジ、サクラシメジ、センボンシメジ、アミタケ、カキシメジやキシメジに似たキノコ、シシタケ、ハエトリシメジ、ナラタケ、ムラサキシメジ、クロシメジ、サマツなどいろいろな種類のキノコが採れます。サクラやマツの木の近くでよく採れるようです。採れたキノコは、けんちん汁や茶わん蒸し、味噌汁、混ぜご飯などにして食べています。

ハツタケ。初夏にマツの木の下に出るキノコ。傷つけると青緑色に変わる
（写真提供：千葉県立中央博物館、以下Cも）

ヒラタケ。以前、テンポナシの古い切り株に数年出た。今は出なくなったが、テンポナシの木はもう1本残っているので、それを切った後が楽しみ（C）

ハエトリシメジ

ハエトリシメジは秋に山で採る。ハエ取りの力がある。こうした変わったキノコをいろいろ探すのも楽しい（C）

山で採れるキノコには、食べるとおいしいキノコもありますが、あたると怖いキノコも多いです。見分けるには、キノコの特徴をよく知ることが大事です。友人とキノコ狩りをするときは、食べられるキノコと毒キノコの両方を見比べて違いを教えてあげています。また、キノコの名前は、地域によって違うのも注意が必要です。

変わった特徴のキノコもあって、それを知るのも楽しみの1つです。

たとえば、ハエトリシメジは、食べておいしいキノコですが、火であぶってから、器に入れた水に浸けておくと、器にハエがどんどん集まってハエ取りになります。それでこんな名前がついているのでしょう。アミタケは湯がくとレバーのようなピンク色に変わるのがおもしろい。なめらかな歯触りで、大根おろしなどと味わいます。

キノコは年によってよく出たり、少ししか出なかったりと差が大きい。とくに夏の雨が生育には大事で、毎年夏になると今年の秋はたくさんキノコが出るかなと空の様子が気になります。

現代農業２０１８年９月号

主な種菌メーカー 一覧

企業・団体名	所在地	電話番号	種菌取扱品目	菌床取扱
株式会社キノックス	〒989-3126 宮城県仙台市青葉区落合1-13-33	022-392-2551	シイタケ、ナメコ、ヒラタケ、エリンギ、ブナシメジ、マイタケ、トンビマイタケ、アラゲキクラゲ、ハタケシメジ、ヤマブシタケ、ヒマラヤヒラタケ、ヤナギマツタケ、タモギタケ、ムキタケ、ブナハリタケ、クリタケ	○
加川椎茸株式会社	〒981-1502 宮城県角田市尾山字横町12	0224-62-1623	シイタケ、ナメコ、ヒラタケ、エノキタケ、タモギタケ、マイタケ、ブナシメジ、クリタケ、ムキタケ、ヌメリスギタケ、ヤナギマツタケ、アラゲキクラゲ、ブナハリタケ、トンビマイタケ、マンネンタケ（霊芝）、ナラタケ	短木
株式会社 河村式種菌研究所	〒999-7757 山形県東田川郡庄内町払田字村東17-2	0234-42-1122	シイタケ、ナメコ、ヒラタケ、エノキタケ、マイタケ、ブナハリタケ、クリタケ、ムキタケ、タモギタケ、ブナシメジ、キクラゲ、ヤマブシタケ、トンビマイタケ	○
有限会社大貫菌蕈	〒320-0051 栃木県宇都宮市上戸祭町2989-12	028-624-6951	シイタケ、ナメコ、ヒラタケ、エノキタケ、タモギタケ、マイタケ、アラゲキクラゲ、ブナシメジ、クリタケ、ムキタケ、ブナハリタケ、マンネンタケ（霊芝）、ヌメリスギタケ、ヤナギマツタケ、ヤマブシタケ	○（初心者用）
株式会社北研	〒321-0222 栃木県下都賀郡壬生町駅東町7-3	0282-82-1100	シイタケ、ナメコ、ヒラタケ、マイタケ、クリタケ、マンネンタケ（霊芝）、ハタケシメジ	○（シイタケのみ）
森産業株式会社	〒376-0054 群馬県桐生市西久方町1-2-23	0277-22-8191	シイタケ、ナメコ、ヒラタケ、マイタケ、クリタケ、アラゲキクラゲ	○
株式会社 秋山種菌研究所	〒400-0042 山梨県甲府市高畑1-5-13	055-226-2331	シイタケ、ナメコ、ヒラタケ、エノキタケ、タモギタケ、アラゲキクラゲ	短木
株式会社富士種菌	〒400-0226 山梨県南アルプス市有野499-1	055-285-3111	シイタケ、ナメコ、クリタケ、ヒラタケ、マイタケ、ヌメリスギタケ、ヤナギマツタケ、エノキタケ（すべて原木栽培用）	—
株式会社千曲化成	〒389-0802 長野県千曲市大字内川1101	026-276-3355	エノキタケ、ブナシメジ、エリンギ、マイタケ、ヒラタケ、シイタケ、ナメコ、ヒマラヤヒラタケ、ヤナギマツタケ、ヤマブシタケ	—
有限会社振興園	〒505-0001 岐阜県美濃加茂市三和町廿屋101	0574-29-1008	シイタケ、ヒラタケ、ナメコ、マンネンタケ、ヤマブシタケ、キクラゲ	○
藤田食用菌研究所	〒509-6472 岐阜県瑞浪市釜戸町1749	0572-63-2026	シイタケ、ナメコ、ヒラタケ、アラゲキクラゲ、タモギタケ、マイタケ、ブナシメジ、クリタケ、マンネンタケ	—
日本農林種菌 株式会社	〒410-1118 静岡県静岡県裾野市佐野464-1	055-992-0457	シイタケ、ナメコ、ヒラタケ、エノキタケ、タモギタケ、マイタケ、アラゲキクラゲ、ツクリタケ（マッシュルーム）、ブナシメジ、クリタケ、シロヒラタケ（すべて原木栽培用）	—
株式会社 河村式椎茸研究所	〒426-0066 静岡県藤枝市青葉町1-1-11	054-635-0507	シイタケ、ナメコ、ヒラタケ、キクラゲ、クリタケ、ムキタケ（すべて原木栽培用）	—
大和菌学研究所	〒636-0216 奈良県磯城郡三宅町小柳447	0745-44-2281	シイタケ（原木栽培用）	—
株式会社 かつらぎ産業	〒649-7206 和歌山県橋本市高野口町向島123-1	0736-44-1501	シイタケ、エリンギ、ブナシメジ、ヒラタケ、クロアワビタケ（すべて原木栽培用）	—
菌興椎茸協同組合	〒680-0845 鳥取県鳥取市富安1-84	0857-36-8115	シイタケ、ナメコ、ヒラタケ、アラゲキクラゲ、クリタケ（すべて原木栽培用）	—
株式会社セッコー	〒879-0122 大分県中津市大字定留11-1	0979-32-5101	シイタケ、キクラゲ、マイタケ、マンネンタケ（霊芝）、ヒラタケ、ナメコ	○
全国食用きのこ種菌協会（種菌メーカー団体）	〒112-0004 東京都文京区後楽1-7-12 林友ビル4F	03-3812-2873	—	—

注） 短木は、短い原木に菌をまわした完熟ホダ木で、土に埋めるだけでキノコが発生する。

本書は『別冊 現代農業』2019年10月号を単行本化したものです。

著者所属は、原則として執筆いただいた当時のままといたしました。

編集協力　本田耕士（柑風庵編集耕房）

農家が教える
痛快キノコつくり
おいしい15種　ラクに育てて　ひと稼ぎ

2020年4月25日　第1刷発行
2024年5月20日　第5刷発行

農文協　編

発行所　一般社団法人　農山漁村文化協会
郵便番号 335-0022 埼玉県戸田市上戸田 2-2-2
電話 048(233)9351(営業)　048(233)9355(編集)
FAX 048(299)2812　振替 00120-3-144478
URL https://www.ruralnet.or.jp/

ISBN978-4-540-20122-6　DTP製作／農文協プロダクション
〈検印廃止〉　印刷・製本／TOPPAN㈱

Printed in Japan　定価はカバーに表示
乱丁・落丁本はお取りかえいたします。